“十二五”高等职业教育基础类规划教材

简明高等数学

主　编　史晓艳　赵文正　张　玲
副主编　夏安铭　林冬梅

北京邮电大学出版社
www. buptpress. com

内容简介

《简明高等数学》是一部适合高职高专使用的公共基础课通用教材.

本书分五章涵盖四个部分的内容.一、预备知识.二、函数及函数的极限和连续.三、一元函数微分学及应用.四、一元函数积分学及应用.

本书的编写充分考虑到高职学生的特点,添加一些初等数学的基础知识.为以后高等数学的学习奠定坚实的基础.在内容上,以"必需够用"为原则.尽量选择简单易懂的内容.注重实际应用.在每章节后都附有习题和答案.并增加了每章自测题和总自测题.便于学生复习掌握.

该书为简明高等数学.适合课时少的高职院校使用.

图书在版编目(CIP)数据

简明高等数学 / 史晓艳,赵文正,张玲主编. -- 北京 :北京邮电大学出版社,2015.8

ISBN 978-7-5635-4489-9

Ⅰ.①简… Ⅱ.①史…②赵…③张… Ⅲ.①高等数学—高等学校—教材 Ⅳ.①O13

中国版本图书馆 CIP 数据核字(2015)第 187822 号

书　　名:简明高等数学
著作责任者:史晓艳　赵文正　张　玲　主编
责 任 编 辑:满志文
出 版 发 行:北京邮电大学出版社
社　　址:北京市海淀区西土城路 10 号(邮编:100876)
发 行 部:电话:010-62282185　传真:010-62283578
E-mail:publish@bupt.edu.cn
经　　销:各地新华书店
印　　刷:北京鑫丰华彩印有限公司
开　　本:787 mm×1 092 mm　1/16
印　　张:9.25
字　　数:228 千字
版　　次:2015 年 8 月第 1 版　2015 年 8 月第 1 次印刷

ISBN 978-7-5635-4489-9　　定　价:25.00 元

前　言

随着我国职业教育的快速发展，高职高专院校教育进入崭新的阶段，结合教育部对高职高专院校培养人才的目标类型与层次的要求和我院人才培养方案的具体落实，我院数学教研室全体教师发扬敢于探索、勇于创新、认真钻研的精神，通过调研，了解学生掌握数学的基础水平和高职高专类院校对高等数学了解程度，大胆进行改革，重新整合优化教学内容，为了填补学生数学基础薄弱的问题，添加一部分初、高中的一些知识，这也是后续高等数学学习迫切需要的数学基础，补充了反三角函数的部分内容，解决中、高衔接方面的问题。另外，精炼一元函数微积分的相关知识。以“必需、够用”为原则，充分考虑现阶段学生的实际情况，有的放矢的整合、完善知识体系。注重应用，将难懂的公式和定理的推导证明删除，淡化计算机巧。以基础教学服务于专业教学为宗旨，大胆创新，编撰这样一部适合高职高专类和相近院校使用的教材《简明高等数学》。

众所周知，高职高专在我国还处于探索发展阶段，在专业建设格局、课程开发模式、学训同步、理论与实践统一等方面，各院校规划不同，学制也不相同。在重视专业课教学的同时，大幅度地压缩基础课的课时，为此我们编纂的本部教材，将理论授课时数控制住 60～80 学时，该教材内容简练，浅显易懂，适合高职高专学生使用。简明、基础、实用是我们的特色。在编写本教材过程中，我们先后开展问卷调查，组织专家论证研讨，以期提高本书的科学性和教学适用性。

本教材包括第一章预习知识，第二章函数 函数极限和函数的连续性，第三章导数和微分，第四章导数的应用及第五章积分与积分的应用。

预习知道中包含一元一次方程和一元二次方程的解法，一元一次不等式和一元二次不等式的解法，实数指数幂的概念和运算法则。以后各章中含有函数和初等函数，函数的极限及其运算，函数连续性的简介；导数和导数运算，微分和微分在近似计算上的应用；洛必达法则，函数的单调性和极值，函数的最值，函数的凹向和拐点；定积分和不定积分及其计算方法，定积分在平面图形面积上和旋转体体积方面的应用。

本书辽宁地质工程职业学院史晓艳教授统筹安排，组织论证书稿的内容和结构分布。

具体编写的有：辽宁地质工程职业学院史晓艳（第一章 预习知识；第二章 函数 函数极限连续；第五章积分与积分的应用）；赵文正（第三章 导数和微分）；张玲（第四章 导数的应用）；林冬梅（附录，习题答案，自测题）辽宁地质工程职业学院史晓艳、赵文正、张玲老师担任主编；辽宁地质工程职业学院夏安铭、林冬梅老师担任副主编。

本书在编写过程中，得到学院领导的大力支持，同时得到有关专家和学者的热情帮助，在此表示感谢！

由于编写时间紧迫，疏漏不足之处在所难免，希望读者批评指正。

作　者

目　　录

第 1 章　预备知识 …… 1

第 1 节　一元一次方程和一元二次方程的解法 …… 1

一、一元一次方程 …… 1

二、一元二次方程 …… 2

习题 1-1 …… 4

第 2 节　一元二次不等式的解法 …… 5

一、区间 …… 5

二、一元二次不等式的解法 …… 6

习题 1-2 …… 8

第 3 节　实数指数幂 …… 8

一、分数指数幂 …… 8

二、实数指数幂及其运算法则 …… 9

习题 1-3 …… 10

第 2 章　函数　函数的极限与连续 …… 11

第 1 节　函数　初等函数 …… 11

一、函数的概念 …… 11

二、反函数 …… 12

三、反三角函数 …… 13

四、初等函数 …… 13

五、建立函数关系举例 …… 14

习题 2-1 …… 16

第 2 节　函数的极限 …… 17

一、当 $x\to\infty$ 时，函数 $f(x)$ 的极限 …… 17

二、当 $x\to x_0$ 时，函数 $f(x)$ 的极限 …… 18

习题 2-2 …… 20

第 3 节　极限的运算 …… 21

习题 2-3 …… 23

第 4 节　函数的连续性 …… 23

一、函数的连续性 …… 23

二、初等函数的连续性 …… 26
习题 2-4 …… 26
本章小结 …… 27
复习题二 …… 28
自测题 …… 29

第 3 章　一元函数的微分学 …… 31

第 1 节　导数的概念 …… 31
一、两个实例 …… 31
二、导数的定义 …… 32
三、导数常用公式 …… 33
四、导数的几何意义 …… 34
五、函数的可导性与连续性之间的关系 …… 35
习题 3-1 …… 35
第 2 节　函数求导法则 …… 36
一、函数的和、差、积、商的求导法则 …… 36
二、基本初等函数的求导公式 …… 38
三、复合函数的求导法则 …… 38
习题 3-2 …… 39
第 3 节　高阶导数 …… 41
一、高阶导数的概念 …… 41
二、二阶导数的物理意义 …… 42
习题 3-3 …… 43
第 4 节　微分及其应用 …… 43
一、微分的定义 …… 43
二、微分在近似计算中的应用 …… 45
习题 3-4 …… 46
本章小结 …… 47
复习题三 …… 47
自测题 …… 49

第 4 章　导数的应用 …… 51

第 1 节　洛必达法则 …… 51
一、$\frac{0}{0}$未定型 …… 51
二、$\frac{\infty}{\infty}$未定型 …… 52
三、其他未定型 …… 52
习题 4-1 …… 53

第 2 节　函数的单调性和极值 …… 54
一、利用导数判定函数的单调性 …… 54
二、函数的极值 …… 56
习题 4-2 …… 59
第 3 节　函数的最大值与最小值 …… 60
一、函数解析式的最值 …… 60
二、实际问题的最值 …… 61
习题 4-3 …… 63
第 4 节　函数图形的凹向与拐点 …… 64
一、曲线的凹向定义及判别法 …… 64
二、曲线拐点的定义及求法 …… 66
习题 4-4 …… 68
本章小结 …… 68
复习题四 …… 69
自测题 …… 71

第 5 章　一元函数积分学及其应用 …… 73

第 1 节　定积分的概念 …… 73
一、两个实例 …… 73
二、定积分的概念 …… 74
三、定积分的几何意义 …… 75
习题 5-1 …… 77
第 2 节　不定积分的概念与性质 …… 77
一、原函数与不定积分的概念 …… 77
二、基本积分公式 …… 78
三、不定积分的性质 …… 79
习题 5-2 …… 81
第 3 节　微积分基本公式和定积分的性质 …… 81
一、微积分基本公式 …… 81
二、定积分的性质 …… 82
习题 5-3 …… 83
第 4 节　换元积分法 …… 84
一、不定积分的换元积分法 …… 84
二、定积分的换元积分法 …… 89
习题 5-4 …… 90
第 5 节　分部积分法 …… 91
一、不定积分的分部积分法 …… 92
二、定积分的分部积分法 …… 94
习题 5-5 …… 95

第 6 节　定积分的应用 …………………………………………………… 96
　一、定积分的微元法 …………………………………………………… 96
　二、定积分的几何应用 ………………………………………………… 97
习题 5-6 …………………………………………………………………… 101
本章小结…………………………………………………………………… 102
复习题五…………………………………………………………………… 103
自测题……………………………………………………………………… 105

总自测题一……………………………………………………………… 107

总自测题二……………………………………………………………… 109

总自测题三……………………………………………………………… 111

附录 1　常用函数 ……………………………………………………… 113

附录 2　章节习题答案 ………………………………………………… 116

附录 3　常用积分公式 ………………………………………………… 132

第1章 预备知识

第1节 一元一次方程和一元二次方程的解法

一、一元一次方程

1. 定义1.1

只含有一个未知数，并且未知数的最高次数为1的整式方程称为一元一次方程.

一般形式：$ax+b=0$（a,b为常数，$a\neq0$）；最简形式：$ax=b$（a,b为常数，$a\neq0$）.

2. 方程的解

使方程左右两边相等的未知数的值称为方程的解. 一元方程的解也称为方程的根. 解方程要依据等式的三个性质：

性质1 等式左右两边同时加或减同一个数，等式成立.

即
$$a=b\Rightarrow a\pm c=b\pm c$$

性质2 等式两边同时乘或除不为0的数，等式成立.

即
$$a=b\Rightarrow ac=bc;\qquad a=b\Rightarrow \frac{a}{c}=\frac{b}{c}\ (c\neq0)$$

性质3 等式两边同时乘方（或开方），等式仍然成立.

即
$$a=b\Rightarrow a^n=b^n;\qquad a=b\Rightarrow \sqrt[n]{a}=\sqrt[n]{b}$$

3. 解方程口诀

去分母，去括号，移项时，要变号，同类项，合并好，再把系数来除掉.

【例1-1】 解方程 $\dfrac{x+1}{2}-\dfrac{2x-1}{3}=\dfrac{x}{6}$.

解 两边同时乘以6得 $3(x+1)-2(2x-1)=x$

去括号 $3x+3-4x+2=x$

移项合并 $-2x=-5$

两边同时除以-2，则解为 $x=\dfrac{5}{2}$.

二、一元二次方程

1. 定义 1.2

只含有一个未知数，且未知数的最高次数是 2 的整式方程称为一元二次方程，一般式为：$ax^2+bx+c=0(a\neq0)$.

2. 一元二次方程的简单解法

(1) 看是否能用因式分解法解(因式分解的解法中，先考虑提公因式法，再考虑平方公式法，最后考虑十字相乘法)；

(2) 看是否可以直接开方解；

(3) 使用公式法求解；

(4) 最后再考虑配方法(配方法虽然可以解全部一元二次方程，但是有时候解题太麻烦).

一元二次方程的简单解法如表 1-1 所示。

表 1-1

方法	适合方程类型	注意事项
因式分解法	方程的一边为 0，另一边分解成两个一次因式的积	方程的一边必须是 0，另一边可用任何方法分解因式
直接开平方法	$(x+a)^2=b$	$b\geqslant0$ 时有解，$b<0$ 时无解
公式法	$ax^2+bx+c=0(a\neq0)$	$b^2-4ac\geqslant0$ 时，方程有解；$b^2-4ac<0$ 时，方程无解. 先化为一般形式再用公式
配方法	$x^2+px+q=0$	二次项系数若不为 1，必须先把系数化为 1，再进行配方

【例 1-2】 用开平方法解下面的一元二次方程：

(1) $(3x+1)^2=9$；　　(2) $(3x-2)^2=(x+4)^2$.

解 (1) $(3x+1)^2=9$

$\therefore 3x+1=\pm3$

由 $3x+1=3$ 得 $x_1=\dfrac{2}{3}$

由 $3x+1=-3$ 得 $x_2=-\dfrac{4}{3}$

$\therefore$原方程的解为：$x_1=\dfrac{2}{3}$，$x_2=-\dfrac{4}{3}$；

(2) $(3x-2)^2=(x+4)^2$

$3x-2=x+4$ 或 $3x-2=-(x+4)$

由 $3x-2=x+4$ 得 $x_1=3$

由 $3x-2=-(x+4)$得 $x_2=-\dfrac{1}{2}$

所以原方程的解为：$x_1=3$，$x_2=-\dfrac{1}{2}$.

【例 1-3】 用配方法解下列一元二次方程：

(1) $2x^2-4x-2=0$；　　(2) $3x^2-4x-2=0$.

解　(1) $2x^2-4x-2=0$

二次项系数化为 1,移常数项得:$x^2-2x=1$. 配方得:$x^2-2x+1^2=1+1^2$,即$(x-1)^2=2$.
直接开平方得:

$$x-1=\pm\sqrt{2}$$

所以

$$x_1=1+\sqrt{2},x_2=1-\sqrt{2}$$

原方程的解为:$x_1=1+\sqrt{2},x_2=1-\sqrt{2}$.

(2) $3x^2-4x-2=0$

二次项系数化为 1,移常数项得:$x^2-\frac{4}{3}x=\frac{2}{3}$

方程两边都加上一次项系数一半的平方得:$3x^2-\frac{4}{3}x+\left(\frac{2}{3}\right)^2=\frac{2}{3}+\left(\frac{2}{3}\right)^2$

即

$$\left(x-\frac{2}{3}\right)^2=\frac{10}{9}$$

直接开平方得:$x-\frac{2}{3}=\pm\frac{\sqrt{10}}{3}$

$$x_1=\frac{2+\sqrt{10}}{3},x_2=\frac{2-\sqrt{10}}{3}$$

原方程的解为:$x_1=\frac{2+\sqrt{10}}{3},x_2=\frac{2-\sqrt{10}}{3}$.

【例 1-4】　用公式法解下列方程:

(1) $3x^2+4=7x$;　　　　(2) $2x^2+\frac{7}{3}x=1$.

用公式法就是指利用求根公式 $x=\frac{-b\pm\sqrt{b^2-4ac}}{2a}$,使用时应先把一元二次方程化成一般形式,然后计算判别式 b^2-4ac 的值,当 $b^2-4ac\geqslant 0$ 时,把各项系数 a、b、c 的值代入求根公式即可得到方程的根.

但要注意当 $b^2-4ac<0$ 时,方程无解. 第(1)小题应先移项化为一般式,再计算出判别式的值.

解　(1) $3x^2+4=7x$

化为一般式:$3x^2-7x+4=0$

求出判别式的值:$\Delta=b^2-4ac=1>0$

代入求根公式:$x=\frac{7\pm1}{6}$

$$x_1=\frac{4}{3},x_2=1$$

(2) $2x^2+\frac{7}{3}x=1$

化为一般式:

$$6x^2+7x-3=0$$

求出判别式的值:

$$\Delta=b^2-4ac=121>0$$

$$x=\frac{-7\pm11}{12}$$

$$x_1=\frac{1}{3},x_2=-\frac{3}{2}.$$

【例 1-5】 用因式分解法解下列方程：

(1) $6x^2+x-15=0$；　　(2) $(x+3)(x-6)=-8$.

解 (1) $6x^2+x-15=0$

左边分解成两个因式的积得：$(2x-3)(3x+5)=0$

于是可得：$2x-3=0,3x+5=0$

$$x_1=\frac{3}{2},x_2=-\frac{5}{3}$$

(2) $(x+3)(x-6)=-8$

化简变为一般式得：$x^2-3x-10=0$

左边分解成两个因式的积得：$(x+2)(x-5)=0$

于是可得：$x+2=0,x-5=0$

$$x_1=-2,x_2=5$$

【例 1-6】 选用适当的方法解下列方程：

(1) $\frac{1}{3}(x+3)^2=1$；　　(2) $(2x+1)^2=2(2x+1)$；

(3) $x(x+8)=16$；　　(4) $x^2+2x-8=0$.

解 (1) $\frac{1}{3}(x+3)^2=1$

整理得：$(x+3)^2=3$

直接开平方得：$x+3=\pm\sqrt{3}$

$$x_1=-3+\sqrt{3},x_2=-3-\sqrt{3}$$

(2) $(2x+1)^2=2(2x+1)$

分解因式得：$(2x+1)(2x-1)=0$

$$x_1=-\frac{1}{2},x_2=\frac{1}{2}$$

(3) $x(x+8)=16$

整理得：$x^2+8x-16=0$

求出判别式的值：$\Delta=b^2-4ac=128>0$

$$x=\frac{-8\pm8\sqrt{2}}{2}$$

$$x_1=-4+4\sqrt{2},x_2=-4-4\sqrt{2}$$

(4) $x^2+2x-8=0$

配方得：$(x+1)^2=9$

直接开平方得：$x+1=\pm3$

$$x_1=2,x_2=-4$$

习题 1-1

1. 解下列一元一次方程

(1) $\frac{2x-1}{3}-x+2=\frac{x+3}{2}$；　　(2) $2(x-3)-3(2x-4)+1=0$.

2. 用直接开平方法解下列方程

(1) $x^2=8$；　(2) $3(x-3)^2=0$；

(3) $x^2-4x+3=0$；　(4) $4(1-x)^2-9=0$.

3. 用配方法解下列方程

(1) $x^2-4x-1=0$；　(2) $3x^2+\frac{1}{2}x-1=0$；

(3) $3x^2-4x-7=0$；　(4) $2x^2-18=3x$.

4. 用公式法解下列方程

(1) $6x^2-13x-5=0$；　(2) $3x^2+4x-7=0$；

(3) $\sqrt{2}x^2-4\sqrt{3}x-2\sqrt{2}=0$；　(4) $x^2-(1+2\sqrt{3})x+\sqrt{3}-3=0$.

5. 用因式分解法解下列方程

(1) $(x+1)^2-2=0$；　(2) $(x+2)^2=2x+4$；

(3) $x^2=6x$；　(4) $2x^2-9x-18=0$.

6. 选用适当的方法解下列方程

(1) $(x+1)(6x-5)=0$；　(2) $2x^2+\sqrt{3}x-9=0$；

(3) $2(x+5)^2=x(x+5)$；　(4) $x^2-5x+2=0$；

(5) $(x-1)(2+x)=4$；　(6) $3(4x+3)=(x+3)^2$；

(7) $(2x+1)^2-3(2x+1)+2=0$；　(8) $(2x-3)x-4(2x-3)=7$.

第 2 节　一元二次不等式的解法

一、区间

1. 有限区间

由数轴上两点间的一切实数所组成的集合称为区间，其中，这两个点称为区间端点.

设 a,b 是两个实数，且 $a<b$，则

① 不含端点的区间称为开区间，如 (a,b) 表示集合 $\{x\mid a<x<b\}$；

② 含两个端点的区间称为闭区间，如 $[a,b]$ 表示集合 $\{x\mid a\leqslant x\leqslant b\}$；

③ 只含左端点的区间称为右半开区间，如 $[a,b)$ 表示集合 $\{x\mid a\leqslant x<b\}$；

④ 只含右端点的区间称为左半开区间，如 $(a,b]$ 表示集合 $\{x\mid a<x\leqslant b\}$.

2. 无限区间

① 区间 $(-\infty,+\infty)$ 表示实数集 $\mathbf{R}$；

② 区间 $[a,+\infty)$ 表示集合 $\{x\mid x\geqslant a\}$；

③ 区间 $(a,+\infty)$ 表示集合 $\{x\mid x>a\}$；

④ 区间 $(-\infty,b]$ 表示集合 $\{x\mid x\leqslant b\}$；

⑤ 区间 $(-\infty,b)$ 表示集合 $\{x\mid x<b\}$.

二、一元二次不等式的解法

1. 定义 1.3

含有一个未知数,并且未知数的最高次数为二次的不等式,称为一元二次不等式.其一般形式为

$$ax^2+bx+c>(\geqslant)0 \text{ 或 } ax^2+bx+c<(\leqslant)0(a\neq 0)$$

2. 一元二次不等式的解法

这里只介绍二次系数为正数(即 $a>0$)的解法.

方法一　解一元二次不等式可归结为解两个一元一次不等式组.一元二次不等式的解集就是这两个一元一次不等式组的解集的交集.

【例 1-7】 解一元二次不等式　$2x^2-7x+6<0$.

解　将 $2x^2-7x+6<0$

左端因式分解得$(2x-3)(x-2)<0$

由解一元一次不等式组$\begin{cases}2x-3>0\\x-2<0\end{cases}$或$\begin{cases}2x-3<0\\x-2>0\end{cases}$

得$\dfrac{3}{2}<x<2$ 或 ϕ

则不等式的解集为$\left(\dfrac{3}{2},2\right)$.

方法二　可以用配方法解二次不等式.

【例 1-8】 解不等式 $x^2-6x+5\geqslant 0$.

解　不等式左端配方得 $(x-3)^2-4\geqslant 0$

$$(x-3)^2\geqslant 4$$

两边开方得 $x-3\geqslant 2$ 或 $x-3\leqslant -2$

解得 $x\geqslant 5$ 或 $x\leqslant 1$

不等式的解集为$[5,+\infty)\cup(-\infty,1]$.

方法三　数轴穿根法

用数轴穿根法解高次不等式时,就是先把不等式一端化为零,再对另一端分解因式,并求出它的零点,把这些零点标在数轴上,再用一条光滑的曲线,从 x 轴的右端上方起,依次穿过这些零点,则大于零的不等式的解为所画曲线与所围的 x 轴的上方部分,小于零的则相反.具体做法:

① 把所有 x 前的系数都变成正的(不用是 1,但是得是正的);

② 画数轴,在数轴上从小到大依次标出所有根;

③ 从右上角开始,一上一下依次穿过不等式的根,奇过偶不过;

④ 注意看看题中不等号有没有等号,没有的话还要注意写结果时舍去使不等式为 0 的根.

【例 1-9】 解不等式 $x^2-3x+2\leqslant 0$(最高次项系数一定要为正,不为正要化成正的).

解　分解因式:$(x-1)(x-2)\leqslant 0$;

找方程$(x-1)(x-2)=0$的根：

$x=1$或$x=2$；

画数轴，并把根所在的点标上去；

注意了，这时候从最右边开始，从 2 的右上方引出一条曲线，经过点 2，继续向左画，类似于抛物线，再经过点 1，向点 1 的左上方无限延伸；

看题求解，题中要求求$x^2-3x+2\leqslant 0$的解，那么只需要在数轴上看看哪一段在数轴及数轴以下即可，观察可以得到：$1\leqslant x\leqslant 2$.（图 1-1）

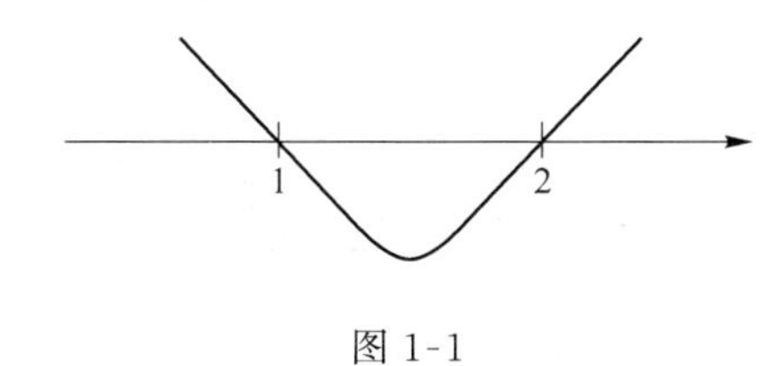

图 1-1

高次不等式的解法也一样.

比方说一个分解因式之后的不等式：

$$x(x+2)(x-1)(x-3)>0$$

一样先找方程$x(x+2)(x-1)(x-3)=0$的根

$$x=0,x=-2,x=1,x=3$$

在数轴上依次标出这些点.还是从最右边的一点 3 的右上方引出一条曲线，经过点 3，在 1、3 之间类似于一个开口向上的抛物线，经过点 1；继续向点 1 的左上方延伸，这条曲线在点 0、1 之间类似于一条开口向下的曲线，经过点 0；继续向 0 的左下方延伸，在 0、−2 之间类似于一条开口向上的抛物线，经过点−2；继续向点−2 的左上方无限延伸.

方程中要求的是$x(x+2)(x-1)(x-3)>0$

只需要观察曲线在数轴上方的部分所取的x的范围就行了(图 1-2).

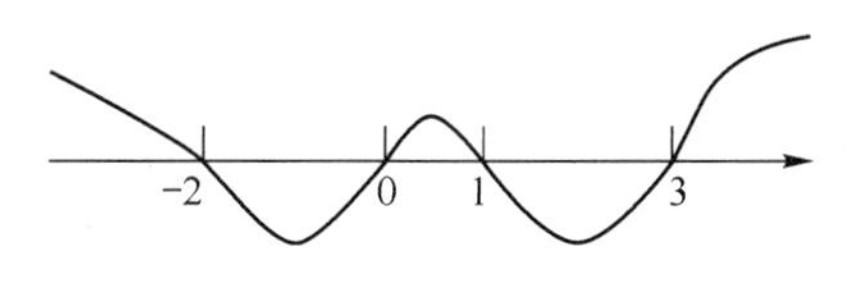

图 1-2

即　　$x<-2$或$0<x<1$或$x>3$

注意(1) 遇到根是分数或无理数和遇到整数时的处理方法是一样的，都是在数轴上把这个根的位置标出来；

(2)“奇过偶不过”中的“奇、偶”指的是分解因式后，某个因数的指数是奇数或者偶数；

比如对于不等式$(x-2)^2\cdot(x-3)>0$

$(x-2)$的指数是 2，是偶数，所以在数轴上画曲线时就不穿过 2 这个点，而$(x-3)$的指数是 1，是奇数，所以在数轴上画曲线时就要穿过 3 这个点(图 1-3).

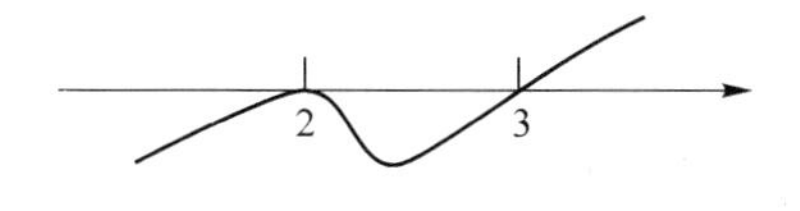

图 1-3

这样该不等式的解为 $x>3$

一元二次不等式的解法我们就介绍三种.

【例 1-10】 解不等式：$(x-3)(x+1)(x^2+4x+4)\leqslant 0$.

解 将原不等式化为：

$$(x-3)(x+1)(x+2)^2\leqslant 0$$

求得相应方程的根为：

$$-2(\text{二重根}),-1,3$$

在数轴上表示各根并穿线(图 1-4)

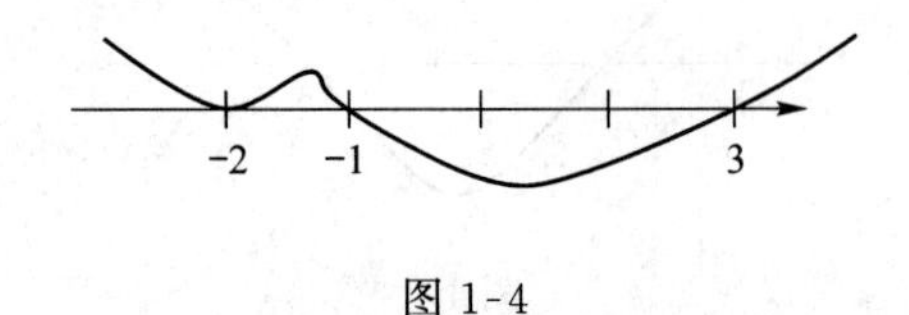

图 1-4

∴原不等式的解集是$\{x|-1\leqslant x\leqslant 3 \text{ 或 } x=-2\}$.

习题 1-2

1. 将下列不等式的集合用区间表示出来

(1) $\{x|-2\leqslant x\leqslant 3\}$；　(2) $\{x|-2<x<3\}$；

(3) $\{x|-2\leqslant x<3\}$；　(4) $\{x|-2<x\leqslant 3\}$；

(5) $\{x|x\leqslant -3\}$；　(6) $\{x|x<-3\}$；

(7) $\{x|x\geqslant 3\}$；　(8) $\{x|x>3\}$.

2. 解下列一元二次不等式

(1) $x^2\leqslant 16$；　(2) $x^2>1$；

(3) $(x-1)^2\leqslant 25$；　(4) $(2x+3)^2>4$；

(5) $x^2-x-2>0$；　(6) $x^2+5x+6\geqslant 0$；

(7) $x^2-4x-12<0$；　(8) $x^2-x-6\leqslant 0$；

(9) $x^3-x^2-20x>0$；　(10) $(x+1)(x-2)^2(x-3)(x-4)\leqslant 0$

第 3 节　实数指数幂

一、分数指数幂

1. *n* 次根式

以前我们学过二次方根，知道如果 $x^2=a(a>0)$，那么 $x=\pm\sqrt{a}$称为 a 的平方根(二次方根)，其中$\sqrt{a}$称为 a 的算术平方根；如果 $x^3=a$，那么 $x=\sqrt[3]{a}$称为 a 的立方根(三次方根).

例如 $x^2=3$，则 $x=\pm\sqrt{3}$ 称为 3 的平方根，其中 $\sqrt{3}$ 称为 3 的算术平方根；$x^3=4$，$x=\sqrt[3]{4}$ 称为 4 的立方根.

一般地，如果 $x^n=a(n\in N^*$ 且 $n>1)$，那么 x 称为 a 的 n 次方根.

当 n 为偶数时，正数 a 的 n 次方根有两个，分别用 $-\sqrt[n]{a}$ 和 $\sqrt[n]{a}$ 表示，其中 $\sqrt[n]{a}$ 称为 a 的 n 次算术根，负数的 n 次方根没有意义.

当 n 为奇数时，实数 a 的 n 次方根只有一个，记作 $\sqrt[n]{a}$.

零的 n 次方根是零.

形如 $\sqrt[n]{a}$ $(n\in N^*$ 且 $n>1)$ 的式子称为 a 的 n 次方根，其中 n 称为根指数，a 称为被开方数.

2. 分数指数幂

我们曾学过整数指数幂的知识. 知道当 $n\in N^*$，

$$a^n=a\cdot a\cdot a\cdot\cdots\cdot a$$

并且规定当 $a\neq 0$ 时，

$$a^0=1, a^{-n}=\frac{1}{a^n}$$

后来又将整数指数幂的概念进行了推广，利用分数指数幂来表示根式，规定

$$a^{\frac{m}{n}}=\sqrt[n]{a^m} \tag{1.1}$$

其中，m、$n\in N^*$ 且 $n>1$. 当 n 为奇数时，$a\in R$；当 n 为偶数时，$a\geqslant 0$.

当 $a^{\frac{m}{n}}$ 有意义，且 $a\neq 0$，规定

$$a^{-\frac{m}{n}}=\frac{1}{\sqrt[n]{a^m}} \tag{1.2}$$

这样就将整数指数幂推广到有理指数幂. 公式(1.1)与公式(1.2)给出了根式与分数指数幂互相转换的依据.

例如，下列各分数指数幂(1) $a^{\frac{4}{7}}$；(2) $a^{\frac{3}{5}}$；(3) $a^{-\frac{3}{2}}$. 写成根式的形式为

(1) $a^{\frac{4}{7}}=\sqrt[7]{a^4}$；　　(2) $a^{\frac{3}{5}}=\sqrt[5]{a^3}$；　　(3) $a^{-\frac{3}{2}}=\dfrac{1}{\sqrt{a^3}}$

根式(1) $\sqrt[3]{a^2}$；(2) $\sqrt[4]{x^5}$；(3) $\dfrac{1}{\sqrt[5]{a^3}}$. 写成分数指数幂为

(1) $\sqrt[3]{a^2}=a^{\frac{2}{3}}$；　　(2) $\sqrt[4]{x^5}=x^{\frac{5}{4}}$；　　(3) $\dfrac{1}{\sqrt[5]{a^3}}=a^{-\frac{3}{5}}$

二、实数指数幂及其运算法则

运算法则

$$a^p\cdot a^q=a^{p+q}$$

$$(a^p)^q=a^{pq}$$

$$(ab)^p=a^p\cdot b^p$$

这里 p、q 为实数.

【例 1-11】 计算下列各式的值

(1) $0.125^{\frac{1}{3}}$；　　(2) $\dfrac{\sqrt{3}\times\sqrt[3]{6}}{\sqrt[3]{9}\times\sqrt[3]{2}}$.

解 (1) $0.125^{\frac{1}{3}}=\left(\dfrac{1}{8}\right)^{\frac{1}{3}}=(2^{-3})^{\frac{1}{3}}=2^{-3\times\frac{1}{3}}=2^{-1}=\dfrac{1}{2}$；

(2) $\dfrac{\sqrt{3}\times\sqrt[3]{6}}{\sqrt[3]{9}\times\sqrt[3]{2}}=\dfrac{3^{\frac{1}{2}}\times(3\times2)^{\frac{1}{3}}}{(3^2)^{\frac{1}{3}}\times2^{\frac{1}{3}}}=\dfrac{3^{\frac{1}{2}}\times3^{\frac{1}{3}}\times2^{\frac{1}{3}}}{3^{\frac{2}{3}}\times2^{\frac{1}{2}}}=\dfrac{3^{\frac{5}{6}}}{3^{\frac{2}{3}}}=3^{\frac{1}{6}}$.

【例 1-12】 化简下列各式

(1) $\dfrac{(2a^4b^3)^4}{(3a^3b)^2}$；　(2) $(a^{\frac{1}{2}}+b^{\frac{1}{2}})(a^{\frac{1}{2}}-b^{\frac{1}{2}})$；　(3) $\sqrt[5]{a^{-3}b^2}\div\sqrt[5]{a^2}\div\sqrt[5]{b^3}$.

解 (1) $\dfrac{(2a^4b^3)^4}{(3a^3b)^2}=\dfrac{2^4a^{4\times4}b^{3\times4}}{3^2a^{3\times2}b^2}=\dfrac{16a^{16}b^{12}}{9a^6b^2}=\dfrac{16}{9}a^{16-6}b^{12-2}=\dfrac{16}{9}a^{10}b^{10}$；

(2) $(a^{\frac{1}{2}}+b^{\frac{1}{2}})(a^{\frac{1}{2}}-b^{\frac{1}{2}})=(a^{\frac{1}{2}})^2-(b^{\frac{1}{2}})^2=a^{\frac{1}{2}\times2}-b^{\frac{1}{2}\times2}=a-b$；

(3) $\sqrt[5]{a^{-3}b^2}\div\sqrt[5]{a^2}\div\sqrt[5]{b^3}=(a^{-3}b^2)^{\frac{1}{5}}\div a^{\frac{2}{5}}\div b^{\frac{3}{5}}=a^{-\frac{3}{5}}b^{\frac{2}{5}}\div a^{\frac{2}{5}}\div b^{\frac{3}{5}}=a^{-\frac{3}{5}-\frac{2}{5}}b^{\frac{2}{5}-\frac{3}{5}}=a^{-1}b^{-\frac{1}{5}}$.

注意:作为运算结果,一般不能同时含有根式和分数指数幂.

习题 1-3

1. 将下列各根式写成分数指数幂的形式

(1) $\sqrt[3]{9}$；　(2) $\sqrt{\dfrac{3}{2}}$；　(3) $\dfrac{1}{\sqrt[7]{a^4}}$；　(4) $\sqrt[4]{4.3^5}$.

2. 将下列各分数指数幂写成根式的形式

(1) $4^{-\frac{3}{5}}$；　(2) $3^{\frac{3}{2}}$；　(3) $(-8)^{-\frac{2}{5}}$；　(4) $2^{\frac{3}{4}}$.

3. 计算下列各式

(1) $\sqrt{3}\times\sqrt[3]{9}\times\sqrt[4]{27}$；　(2) $(2^{\frac{2}{3}}4^{\frac{1}{2}})^3\cdot(2^{-\frac{1}{2}}4^{\frac{5}{8}})^4$.

4. 化简下列各式

(1) $a^{\frac{1}{3}}\cdot a^{-\frac{2}{3}}\cdot a^2\cdot a^0$；　(2) $(a^{\frac{2}{3}}b^{\frac{1}{2}})^3\cdot(2a^{-\frac{1}{2}}b^{\frac{5}{8}})^4$；　(3) $\sqrt[3]{\dfrac{b^2}{a}\cdot\sqrt[3]{a}}\div\sqrt{a^3b}$.

第2章　函数　函数的极限与连续

第1节　函数　初等函数

一、函数的概念

1. 函数的定义 2.1

设 x 和 y 为两个变量,如果对于数集 D 中的每一个数 x,按照某种对应法则 f,变量 y 都有唯一确定的值与它对应,那么称 y 为定义在数集 D 上的 x 的函数,记作 $y=f(x)$. 变量 x 称为函数的**自变量**,变量 y 称为函数的因变量. 数集 D 称为函数的**定义域**,当 x 取遍 D 中所有的数值时,与它对应的函数值 y 的集合 M 称为函数的**值域**.

【例 2-1】 已知函数 $f(x)=\dfrac{1}{1+x}$,求 $f(1)$、$f(0)$、$f(-2)$、$f(a^2)$.

解 $f(1)=\dfrac{1}{1+1}=\dfrac{1}{2}$;　　$f(0)=\dfrac{1}{1+0}=1$;

$f(-2)=\dfrac{1}{1-2}=-1$;　$f(a^2)=\dfrac{1}{1+a^2}$.

【例 2-2】 设 $f(x+3)=\dfrac{x+1}{x+2}$,求 $f(x)$.

解 令 $t=x+3$,则 $x=t-3$,$f(t)=\dfrac{t-2}{t-1}$,所以,$f(x)=\dfrac{x-2}{x-1}$.

在实际应用中有些函数在不同的定义范围内要用不同的解析式表示,例如:函数

$$f(x)=\begin{cases}\sqrt{x} & x\geqslant 0\\ -x & x<0\end{cases}$$

函数的图像如图 2-1 所示,自变量在不同的范围内用不同的解析式表示的函数称为**分段函数**,对分段函数求函数值时,应把自变量代入相应范围的表达式中去计算.

【例 2-3】 设函数 $f(x)=\begin{cases}\sqrt{x} & x\geqslant 0\\ -x & x<0\end{cases}$,求 $f(0)$、$f(4)$、$f(-4)$.

解 (图 2-1)

$$f(0)=0;f(4)=\sqrt{4}=2;f(-4)=-4.$$

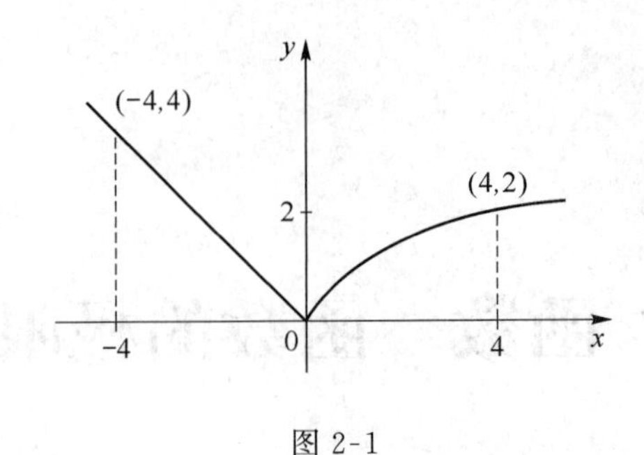

图 2-1

【例 2-4】 求下列函数的定义域

(1) $f(x)=\dfrac{1}{x^2-1}+\sqrt{1-x^2}$；　　(2) $f(x)=\lg(1-x)+\sqrt{x+2}$.

解 (1)因为当 $x^2-1\neq 0,1-x^2\geqslant 0$ 时，函数有意义，解得 $x\neq\pm 1$，且 $-1\leqslant x\leqslant 1$，所以所求函数的定义域为 $(-1,1)$；

(2) 因为当 $1-x>0,x+2\geqslant 0$ 时，函数有意义，解得 $x<1$，且 $x\geqslant -2$，所以所求函数的定义域为 $[-2,1)$.

2. 函数的表示法

常用的表达函数的方法有：解析法、列表法和图像法.

(1) **解析法**. 用数学式子表示自变量和因变量之间对应关系的方法称为解析法.

如例 2-1～例 2-4 都是用解析式来表示函数的. 解析法的优点是简明准确，便于理论分析，但不够直观.

(2) **列表法**. 在实际应用中，常将自变量的值与对应的函数值列成表，这种表示函数的方法称为列表法.

列表法的优点在于直接从自变量的值查到对应的函数值.

(3) **图像法**. 用函数图形来表示函数的方法称为图像法.

在平面直角坐标系中，以一对 x、y 的值为坐标定出一个点 $M(x,y)$，当自变量 x 变化时，点 M 就在平面上运动并描称一条曲线，这种用函数图形来表示函数的方法称为图像法.

图像法的优点是直观鲜明，它能直接的反应出函数的变化规律，但不便于理论分析与推导.

二、反函数

定义 2.2 设函数 $y=f(x)$，其定义域为 D，值域为 M. 如果对于 M 中的每一个值 y，在 D 中有唯一确定的值 x 与之对应，即 x 是 y 的函数，并表示为 $x=\varphi(y)$，那么称 $x=\varphi(y)$ 为函数 $y=f(x)$ 的**反函数**.

习惯上用 x 表示自变量，y 表示因变量，因此函数 $y=f(x)$ 的反函数可表示为 $y=\varphi(x)$ 或 $y=f^{-1}(x)$.

函数 $y=f(x)$ 与其反函数 $y=f^{-1}(x)$ 的图像关于直线 $y=x$ 对称. 函数 $y=f(x)$ 的定义域是它的反函数 $y=f^{-1}(x)$ 的值域，函数 $y=f(x)$ 的值域是它的反函数 $y=f^{-1}(x)$ 的定义域.

【例 2-5】 求函数 $y=\sqrt{1-x^2}$, $x\in[-1,0]$的反函数.

解 由关系式 $y=\sqrt{1-x^2}$ 得 $x^2+y^2=1$

由于 $x\in[-1,0]$,所以 $x=-\sqrt{1-y^2}$

互换 x,y 得函数的反函数为 $y=-\sqrt{1-x^2}$.

三、反三角函数

三角函数的反函数称为反三角函数.

1. 反正弦函数

正弦函数 $y=\sin x$ 在$\left[-\frac{\pi}{2},\frac{\pi}{2}\right]$上的反函数称为反正弦函数,记作 $y=\arcsin x$,定义域为$[-1,1]$,值域为$\left[-\frac{\pi}{2},\frac{\pi}{2}\right]$.

2. 反余弦函数

余弦函数 $y=\cos x$ 在$[0,\pi]$上的反函数称为反余弦函数,记作 $y=\arccos x$,定义域为$[-1,1]$,值域为$\left[-\frac{\pi}{2},\frac{\pi}{2}\right]$.

3. 反正切函数

正切函数 $y=\tan x$ 在$\left(-\frac{\pi}{2},\frac{\pi}{2}\right)$上的反函数称为反正切函数,记作 $y=\arctan x$,定义域为$(-\infty,+\infty)$,值域为$\left(-\frac{\pi}{2},\frac{\pi}{2}\right)$.

4. 反余切函数

余切函数 $y=\cot x$ 在$(0,\pi)$上的反函数称为反余切函数,记作 $y=\text{arccot}\, x$,定义域为$(-\infty,+\infty)$,值域为$(0,\pi)$.

反三角函数的性质和图像见附录.

四、初等函数

1. 基本初等函数

我们把幂函数 $y=x^\alpha$(α 为实数),指数函数 $y=a^x$($a>0$ 且 $a\neq1$),对数函数 $y=\log_a x$($a>0$ 且 $a\neq1$),三角函数和反三角函数统称为**基本初等函数**.

为了便于以后的学习,现把基本初等函数的定义域、值域、图像及特性列于表中(见附录).

2. 复合函数

在很多实际问题中的函数关系是比较复杂的.两个变量之间的函数关系,往往借助一个或几个变量而建立起来.我们称这类函数为**复合函数**.

一般地,给出如下定义:

定义 2.3 如果 y 是 u 的函数 $y=f(u)$,而 u 又是 x 的函数 $u=\varphi(x)$,则称 y 是 x 的复

合函数,记作 $y=f[\varphi(x)]$,其中 u 称为**中间变量**.

复合函数 $y=f[\varphi(x)]$ 是由函数 $y=f(u)$ 及函数 $u=\varphi(x)$ 组合而成的较复杂的函数,必须注意,函数 $u=\varphi(x)$ 的值域应取在函数 $y=f(u)$ 的定义域内,否则将不能构成复合函数.

例如,复合函数 $y=\lg(x^2-1)$ 是由 $y=\lg u$ 及 $u=x^2-1$ 复合而成的. $y=\lg u$ 的定义域为 $(0,+\infty)$,那么,中间变量 $u=x^2-1$ 的值域必须在 $(0,+\infty)$ 内.

为了研究问题的方便,往往把一个比较复杂的函数分解成几个比较简单的函数的复合.正确熟练地掌握这种分解过程,将给以后学习函数的导数和积分带来方便.

复合函数的复合过程是由内层到外层,而分解过程是由外层到内层.

【例 2-6】 将下列复合函数分解成基本初等函数或简单函数

(1) $y=\cos^2 x$;　　(2) $y=e^{\sin\frac{1}{x}}$;

(3) $y=\sin^2\dfrac{1}{\sqrt{x^2+1}}$;　　(4) $y=\ln(\tan e^{x^2+1})$.

解 (1) 函数 $y=\cos^2 x$ 是由 $y=u^2$ 与 $u=\cos x$ 复合而成的;

(2) 函数 $y=e^{\sin\frac{1}{x}}$ 是由 $y=e^u$, $u=\sin v$ 及 $v=\dfrac{1}{x}$ 复合而成的;

(3) 函数 $y=\sin^2\dfrac{1}{\sqrt{x^2+1}}$ 是由 $y=u^2$, $u=\sin v$, $v=w^{-\frac{1}{2}}$ 及 $w=x^2+1$ 复合而成的;

(4) 函数 $y=\ln(\tan e^{x^2+1})$ 是由 $y=\ln u$, $u=\tan v$, $v=e^w$ 及 $w=x^2+1$ 复合而成的.

3. 初等函数

定义 2.4 由基本初等函数和常数经过有限次四则运算和有限次复合运算所构成,并可用一个式子表示的函数,称为初等函数.

例如:$y=\sqrt{x^3}$, $y=x^2+2x+4$, $y=\sin^2(3x+1)$, $y=\dfrac{\sin x}{1+x^2}$, $y=\log_a(x+\sqrt{x^2+1})$ 都是初等函数.

应当注意,分段函数 $y=\begin{cases}-x, & x\leqslant 0\\ x, & x>0\end{cases}$ 虽然是由两个式子表示的,但是它也可以用一个式子 $y=|x|$ 表示,它也是初等函数.除了类似的情况,分段函数不是初等函数.

五、建立函数关系举例

建立函数关系是解决实际问题中不可缺少的重要环节,在解决实际问题时,通常要先建立函数关系,然后进行分析和计算.

本节中我们结合一些具体的实例讲解一下如何建立函数关系,这对我们以后的学习是很有必要的.

【例 2-7】 弹簧受力伸长,已知在弹性限度内,伸长量与受力的大小成正比,现已知一弹性限度为 P(单位为 N)的弹簧,受力为 9.8 N 时,伸长 0.02 m,求弹簧伸长量与受力之间的函数关系.

解 设弹簧受力为 PN 时,伸长量为 Lm,

因为 L 与 P 成正比,即 $L=kP$ (k 为比例系数)

由已知条件：$P=9.8$ N 时，$L=0.02$ m. 代入上式，得

$$0.02=k\times 9.8,\quad 于是\quad k=\frac{1}{490}$$

由此得伸长量与受力之间的函数关系为

$$L=\frac{1}{490}P,定义域[0,P]$$

【例 2-8】 设有容积为 10 m^3 的无盖圆柱形桶，其底用铜制，侧壁用铁制，已知铜价为铁价的 5 倍，试建立做此桶所需费用与桶底半径之间的函数关系.

解 设所需费用为 y，桶底半径为 r，桶高为 h，则桶底面积为 πr^2，桶的侧面积为 $2\pi rh$.

因为桶的容积为 10 m^3，于是有 $10=\pi r^2 h$，$h=\frac{10}{\pi r^2}$，桶的侧面积为 $\frac{20}{r}$.

设铁价为 k（k 为比例系数），则铜价为 $5k$，所以，所需费用为

$$y=\pi k r^2+\frac{100k}{r}$$

【例 2-9】 隧道的横截面下部是矩形，上部是半圆形，如图 2-2 所示，已知隧道的周长为定值 L，求截面积 S 关于底部宽 x 的函数关系式，当底部宽为多少时，隧道的截面积最大？

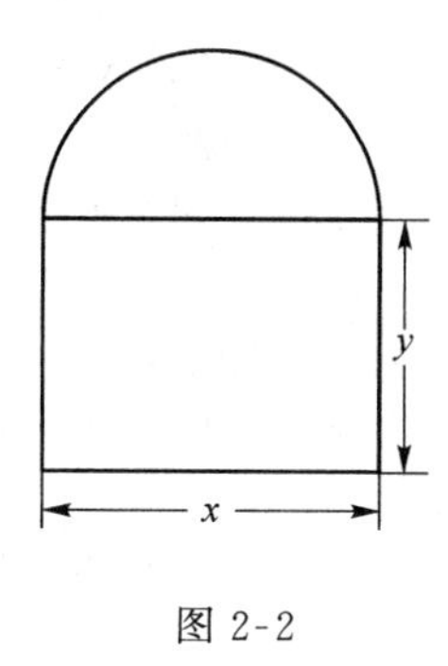

图 2-2

解 设隧道下部矩形的高为 y，则有

$$L=x+2y+\frac{1}{2}\pi x$$

$$y=\frac{1}{2}\left[L-\frac{2+\pi}{2}x\right]$$

$$S=xy+\frac{\pi}{2}\left(\frac{x}{2}\right)^2=\frac{L}{2}x-\frac{4+\pi}{8}x^2$$

由 $x>0$，$y>0$ 得 $0<x<\frac{2L}{2+\pi}$

故截面积 S 关于 x 的函数是

$$S=\frac{L}{2}x-\frac{4+\pi}{8}x^2,\quad 0<x<\frac{2L}{2+\pi}$$

因为该函数为二次函数，图像开口向下，顶点横坐标为 $x_0=\frac{2L}{4+\pi}$，$x_0\in\left(0,\frac{2L}{2+\pi}\right)$.

所以，当 $x=\frac{2L}{4+\pi}$ 时隧道的截面积最大.

习题 2-1

1. 判断下列各对函数是否相同？为什么？

(1) $f(x)=x,g(x)=\sqrt{x^2}$；

(2) $f(x)=\dfrac{2x^2-2}{x-1},g(x)=2(x-1)$；

(3) $f(x)=\ln x^2,g(x)=2\ln x$；

(4) $f(x)=1,g(x)=\sin^2 x+\cos^2 x$.

2. 求下列函数的定义域

(1) $y=\ln x^2$；

(2) $y=\sqrt{x^2-3x+2}$；

(3) $y=\sqrt{\dfrac{x+1}{x^2-x-6}}$；

(4) $y=10^{\sqrt{16-x^2}}$；

(5) $y=\sqrt{x^2-4}+\lg(x-2)$；

(6) $y=\lg\sin x$.

3. 设 $y=f(x),x\in[0,4]$,求 $f(x^2)$和 $f(x+5)+f(x-5)$的定义域.

4. 求下列函数的反函数

(1) $y=\dfrac{1-x}{1+x}$；

(2) $y=x^2+2x(x<-1)$；

(3) $y=\sin 2x,x\in\left[0,\dfrac{\pi}{2}\right]$；

(4) $y=3\tan\dfrac{x}{2}(-\pi,\pi)$.

5. 求下列反三角函数的值

(1) $\arcsin\dfrac{1}{2}$；

(2) $\arctan 1$；

(3) $\arcsin\left(-\dfrac{\sqrt{3}}{2}\right)$；

(4) $\arccos(-1)$；

(5) $\arcsin\left(\sin\dfrac{5\pi}{6}\right)$；

(6) $\arctan\left(\tan\dfrac{\pi}{3}\right)$；

6. 已知 $y=\sqrt{u},u=x^2+1$,试将 y 表示为 x 的函数.

7. 已知 $y=u^2,u=\sin v,v=w^{-\frac{1}{2}},w=x^2+1$,试将 y 表示为 x 的函数.

8. 下列各函数是由哪些函数复合而成的?

(1) $y=\sin^2 5x$；

(2) $y=5^{(2x-1)^3}$；

(3) $y=\cos\sqrt{1+2x}$；

(4) $y=\sqrt{\log_a(\dfrac{1}{x^2})}$；

(5) $y=\ln\sin e^{x+1}$；

(6) $y=\sqrt[3]{\lg\cos x}$；

(7) $y=\arccos(1-x^2)$；

(8) $y=\ln\tan e^{x^2+2\sin x}$.

9. 如图 2-3 所示,有一边长为 a 的正方形铁片,从它的四个角截去相等的小正方形,然后折起各边做成一个无盖的铁盒子,试求铁盒的容积与截去小正方形边长之间的函数关系,并求出函数的定义域.

10. 如图 2-4 所示,有一个底半径为 R,高为 H 的圆锥形量杯,为了在它的侧面刻上表示容积的刻度,需要找出溶液的容积与其对应高度之间的函数关系,试写出其表达式,并指明定义域.

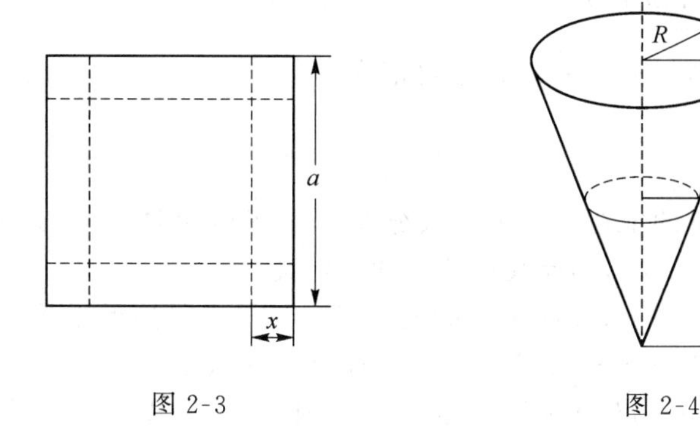

图 2-3　　　　图 2-4

11. 一下水道的截面是矩形加半圆形,设其截面积为常量 A,该常量取决于预定的排水量,截面的周长为 s,底宽为 x,试建立变量 s 与 x 的关系式.

第 2 节　函数的极限

对于函数 $y=f(x)$的极限,主要研究以下两种情形:

(1) 当自变量 x 的绝对值$|x|$无限增大,即趋向于无穷大(记为 $x\to\infty$)时,函数 $f(x)$的极限;

(2) 当自变量 x 任意接近于 x_0,即趋向于有限值 x_0(记为 $x\to x_0$)时,函数 $f(x)$的极限.

一、当 $x\to\infty$时,函数 $f(x)$的极限

先看下面的例子:

考查当 $x\to\infty$时,函数 $f(x)=\dfrac{1}{x}$的变化趋势.

如图 2-5 所示,当自变量 x 的绝对值$|x|$无限增大时,函数 $f(x)$的值无限的接近于零.即当 $x\to\infty$时,$f(x)\to 0$.

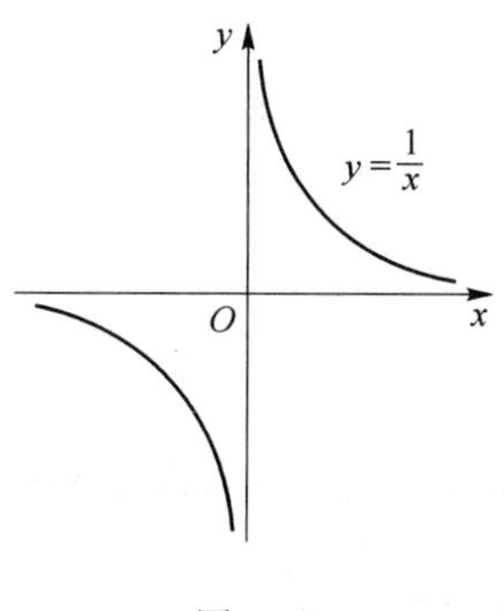

图 2-5

对于这种当 $x\to\infty$时,$f(x)$的变化趋势,我们给出如下定义:

定义 2.5　如果当 x 的绝对值无限增大,即 $x\to\infty$时,函数 $f(x)$无限接近于某一确定的

常数A,那么A就称为函数$f(x)$当$x\to\infty$时的极限,记为

$$\lim_{x\to\infty} f(x)=A \text{ 或 当 } x\to\infty \text{ 时}, f(x)\to A$$

根据以上定义,当$x\to\infty$时,$f(x)=\dfrac{1}{x}$的极限可记为

$$\lim_{x\to\infty} f(x)=\lim_{x\to\infty}\frac{1}{x}=0$$

在以上的定义中,自变量x的绝对值无限增大分为x取正值无限增大(记为$x\to+\infty$)和x取负值无限增大(记为$x\to-\infty$),为此我们给出如下定义:

定义 2.6 如果当$x\to+\infty$(或$x\to-\infty$)时,函数$f(x)$无限接近于某一确定的常数A,那么A就称为函数$f(x)$当$x\to+\infty$(或$x\to-\infty$)时的极限,记为

$$\lim_{x\to+\infty} f(x)=A \text{ 或当 } x\to+\infty \text{ 时}, f(x)\to A;$$

$$\lim_{x\to-\infty} f(x)=A \text{ 或当 } x\to-\infty \text{ 时}, f(x)\to A$$

一般地

$$\lim_{x\to\infty} f(x)=A \Leftrightarrow \lim_{x\to+\infty} f(x)=\lim_{x\to-\infty} f(x)=A$$

例如,如图 2-5 所示,有

$$\lim_{x\to+\infty}\frac{1}{x}=0;\lim_{x\to-\infty}\frac{1}{x}=0,\text{则有}\lim_{x\to\infty}\frac{1}{x}=0.$$

【例 2-10】 观察下列函数的变化趋势,写出它们的极限:

(1) $\lim\limits_{x\to+\infty}\arctan x$ 和 $\lim\limits_{x\to-\infty}\arctan x$ 及 $\lim\limits_{x\to\infty}\arctan x$;

(2) $\lim\limits_{x\to+\infty}\left(\dfrac{1}{2}\right)^x$ 和 $\lim\limits_{x\to-\infty}2^x$.

解 (1) 如图 2-6 所示,$\lim\limits_{x\to+\infty}\arctan x=\dfrac{\pi}{2}$;$\lim\limits_{x\to-\infty}\arctan x=-\dfrac{\pi}{2}$,则有$\lim\limits_{x\to\infty}\arctan x$不存在;

(2) 如图 2-7 可以看出,当$x\to+\infty$时,曲线$y=\left(\dfrac{1}{2}\right)^x$无限靠近$x$轴,即$y\to0$,所以$\lim\limits_{x\to+\infty}\left(\dfrac{1}{2}\right)^x=0$.

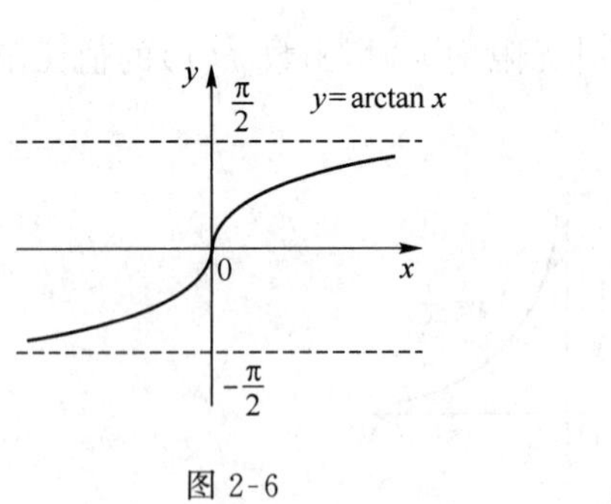

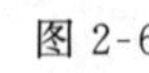

图 2-6

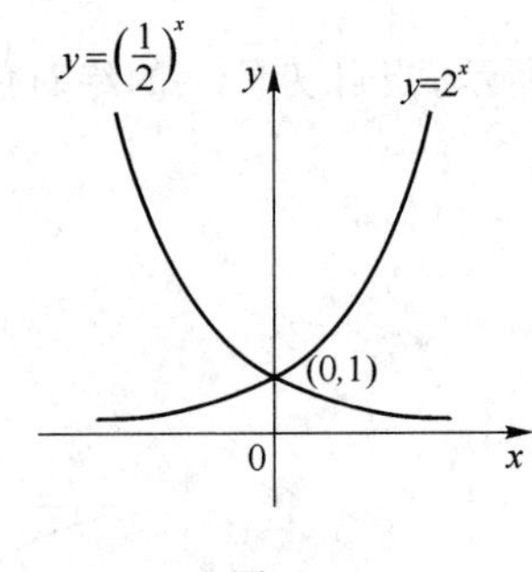

图 2-7

当$x\to-\infty$时,曲线$y=2^x$也无限靠近x轴,即$y\to0$,所以$\lim\limits_{x\to-\infty}2^x=0$.

二、当 $x\to x_0$ 时,函数 $f(x)$ 的极限

考查函数$f(x)=x+1$(图 2-8)和函数$g(x)=\dfrac{x^2-1}{x-1}$(图 2-9),当$x\to1$(从左右两侧趋

近于 1)时，函数值的变化趋势.

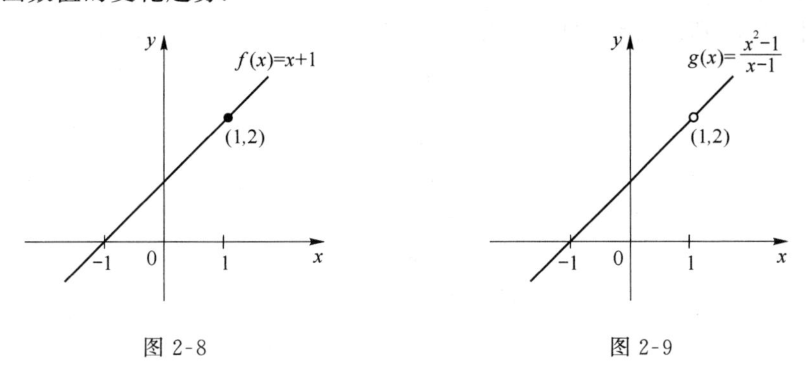

图 2-8　　　　图 2-9

从上面的图像可以看出，当 $x\to 1$ 时，函数 $f(x)=x+1$ 的值无限接近于 2，而函数 $g(x)=\frac{x^2-1}{x-1}$的值也无限接近于 2.

定义 2.7　设函数 $f(x)$在点 x_0 的某一邻域内有定义(x 可以不等于 x_0)，如果当 x 无限接近于定值 x_0，即 $x\to x_0$ 时，函数 $f(x)$无限接近于某一确定的常数 A，那么 A 就称为函数 $f(x)$当 $x\to x_0$ 时的极限，记为

$$\lim_{x\to x_0} f(x)=A \text{ 或 } f(x)\to A(x\to x_0)$$

定义 2.8　如果当自变量 x 从 x_0 的左侧无限接近于 x_0 时，函数 $f(x)$无限接近于某一确定的常数 A，那么 A 就称为函数 $f(x)$在 x_0 处的左极限，记为 $\lim\limits_{x\to x_0^-} f(x)=A$.

定义 2.9　如果当自变量 x 从 x_0 的右侧无限接近于 x_0 时，函数 $f(x)$无限接近于某一确定的常数 A，那么 A 就称为函数 $f(x)$在 x_0 处的右极限，记为 $\lim\limits_{x\to x_0^+} f(x)=A$.

一般地，在 $x\to x_0$ 时，只有当函数 $f(x)$的左极限与右极限分别存在且相等，即

$$\lim_{x\to x_0^-} f(x)=\lim_{x\to x_0^+} f(x)=A$$

时，函数的极限$\lim\limits_{x\to x_0} f(x)$才存在且等于 A. 如果当函数 $f(x)$的左极限与右极限分别存在，但不相等，那么$\lim\limits_{x\to x_0} f(x)$不存在.

【例 2-11】　观察并写出下列函数的极限

(1) $\lim\limits_{x\to \frac{1}{2}}(2x+1)$；　　(2) $\lim\limits_{x\to 0}\sin x$ 和$\lim\limits_{x\to 0}\cos x$；

(3) $\lim\limits_{x\to 2} x^2$；　　(4) $\lim\limits_{x\to x_0} x$.

解　(1) $\lim\limits_{x\to \frac{1}{2}}(2x+1)=2\times\frac{1}{2}+1=2$；

(2) $\lim\limits_{x\to 0}\sin x=\sin 0=0$；$\lim\limits_{x\to 0}\cos x=\cos 0=1$；

(3) $\lim\limits_{x\to 2} x^2=2^2=4$；

(4) $\lim\limits_{x\to x_0} x=x_0$.

【例 2-12】　讨论函数

$$f(x)=\begin{cases} x-1 & x<0 \\ 0 & x=0 \\ x+1 & x>0 \end{cases}$$

当 $x \to 0$ 时的极限.

解 如图 2-10 所示,函数的左极限为

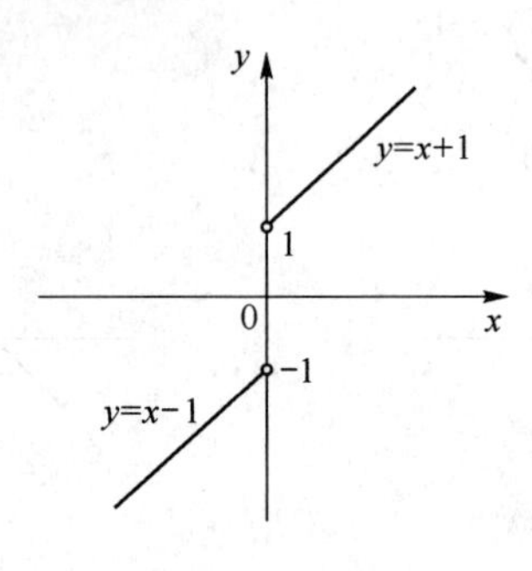

图 2-10

$$\lim_{x \to 0^-} f(x) = \lim_{x \to 0^-}(x-1) = -1$$

函数的右极限为

$$\lim_{x \to 0^+} f(x) = \lim_{x \to 0^+}(x+1) = 1$$

当 $x \to 0$ 时,函数 $f(x)$ 左极限与右极限虽都存在但不相等,所以极限 $\lim_{x \to 0} f(x)$ 不存在.

习题 2-2

1. 观察并写出下面函数极限值

(1) $\lim_{x \to +\infty}\left(\frac{1}{10}\right)^x$; (2) $\lim_{x \to -\infty} 3^x$; (3) $\lim_{x \to \frac{\pi}{4}} \tan x$;

(4) $\lim_{x \to 1} \ln x$; (5) $\lim_{x \to \infty}\left(2+\frac{1}{x}\right)$; (6) $\lim_{x \to -1}\frac{x^2-1}{x+1}$.

2. 设 $f(x)=\begin{cases} 2x & 0 \leqslant x < 1 \\ 3-x & 1 < x \leqslant 2 \end{cases}$,求 $\lim_{x \to 1^-} f(x)$, $\lim_{x \to 1^+} f(x)$,并说明 $\lim_{x \to 1} f(x)$ 是否存在?

3. 设 $f(x)=\begin{cases} 3x & -1 < x < 1 \\ 2 & x=1 \\ 3x^2 & 1 < x < 2 \end{cases}$,分别讨论函数 $f(x)$ 在 $x \to 0$ 和 $x \to 1$ 时的极限是否存在.

4. 设 $f(x)=\begin{cases} 3x+2 & x \leqslant 0 \\ x^2+1 & 0 < x \leqslant 1 \\ 2 & x > 1 \end{cases}$,分别讨论函数 $f(x)$ 在 $x \to 0$ 和 $x \to 1$ 时的极限是否存在.

5. 设 $f(x)=\begin{cases} x^2 & x < 1 \\ x+k & x > 1 \end{cases}$($k$ 为常数),若 $\lim_{x \to 1} f(x)$ 存在,试确定 k 的值.

6. 证明函数 $f(x)=\begin{cases} x^2+1 & x < 1 \\ 1 & x=1 \\ -1 & x > 1 \end{cases}$ 在 $x \to 1$ 时极限不存在.

第 3 节　极限的运算

极限的运算法则

若 $\lim f(x)=A$，$\lim g(x)=B$，则有

法则 1　$\lim[f(x)\pm g(x)]=\lim f(x)\pm\lim g(x)=A\pm B$

法则 2　$\lim[f(x)\cdot g(x)]=\lim f(x)\cdot\lim g(x)=A\cdot B$

特别地，$\lim[C\cdot f(x)]=C\lim f(x)=C\cdot A$

$$\lim[f(x)]^n=[\lim f(x)]^n=A^n\ (n\in N)$$

法则 3　$\lim\dfrac{f(x)}{g(x)}=\dfrac{\lim f(x)}{\lim g(x)}=\dfrac{A}{B}(\lim g(x)\neq 0,B\neq 0)$

上述极限运算法则对于 $x\to x_0$ 与 $x\to\infty$ 两种情形均适合.

【例 2-13】　求 $\lim\limits_{x\to 1}(2x^2+3x-1)$.

解　$\lim\limits_{x\to 1}(2x^2+3x-1)=2\lim\limits_{x\to 1}x^2+3\lim\limits_{x\to 1}x-1=2\times 1^2+3\times 1-1=4$

【例 2-14】　求 $\lim\limits_{x\to 2}\dfrac{3x^2-4x+1}{x^2+1}$.

解　$\lim\limits_{x\to 2}\dfrac{3x^2-4x+1}{x^2+1}=\dfrac{3\lim\limits_{x\to 2}x^2-4\lim\limits_{x\to 2}x+1}{\lim\limits_{x\to 2}x^2+1}=\dfrac{3\times 2^2-4\times 2+1}{2^2+1}=1$

【例 2-15】　求 $\lim\limits_{x\to 3}\dfrac{x-3}{x^2-9}$.

解　当 $x\to 3$ 时，函数的分子、分母的极限同时为零，所以不能用法则 3，但可将分子、分母因式分解，将分母分解成 $(x-3)(x+3)$，所以

$$\lim_{x\to 3}\frac{x-3}{x^2-9}=\lim_{x\to 3}\frac{x-3}{(x-3)(x+3)}=\lim_{x\to 3}\frac{1}{x+3}=\frac{1}{6}$$

一般地，当 $x\to a$ 时分式函数的分子、分母的极限同时为零时，则可用分解因式法把分子、分母的极限为零的因子消去，再求函数的极限.

【例 2-16】　求 $\lim\limits_{x\to 9}\dfrac{\sqrt{x}-3}{x-9}$.

解　当 $x\to 9$ 时，函数的分子、分母的极限同时为零，可做如下分解

$$\lim_{x\to 9}\frac{\sqrt{x}-3}{x-9}=\lim_{x\to 9}\frac{\sqrt{x}-3}{(\sqrt{x}-3)(\sqrt{x}+3)}=\lim_{x\to 9}\frac{1}{\sqrt{x}+3}=\frac{1}{6}$$

若分解因式有困难，有时也可采取直接用零因子分别去除分子、分母的办法将零因子约去，再进行计算.

【例 2-17】　求 $\lim\limits_{x\to\infty}\dfrac{x^3-2x-1}{3x^3+x+1}$.

解　这是一个 $\dfrac{\infty}{\infty}$ 类型的函数，函数的分子、分母的极限都为 ∞，对于这种类型的函数，我们可做如下变化

$$\lim_{x\to\infty}\frac{x^3-2x-1}{3x^3+x+1}=\lim_{x\to\infty}\frac{1-\frac{2}{x^2}-\frac{1}{x^3}}{3+\frac{1}{x^2}+\frac{1}{x^3}}=\frac{\lim\limits_{x\to\infty}1-\lim\limits_{x\to\infty}\frac{2}{x^2}-\lim\limits_{x\to\infty}\frac{1}{x^3}}{\lim\limits_{x\to\infty}3+\lim\limits_{x\to\infty}\frac{1}{x^2}+\lim\limits_{x\to\infty}\frac{1}{x^3}}=\frac{1}{3}$$

分子、分母的极限都为∞类型的函数，称为$\frac{\infty}{\infty}$型. 对有理分式极限中的$\frac{\infty}{\infty}$型未定式，其解法是：先同除分子分母中的最高次幂，然后再求极限. 一般地，有

$$\lim_{x\to\infty}\frac{a_0x^m+a_1x^{m-1}+\cdots+a_{m-1}x+a_m}{b_0x^n+b_1x^{n-1}+\cdots+b_{n-1}x+b_n}=\begin{cases}0 & n>m\\ \frac{a_0}{b_0} & n=m\\ \infty & n<m\end{cases}$$

（其中，$a_0\neq0,b_0\neq0,m$、n 为非负整数）

【例 2-18】 求 $\lim\limits_{x\to\infty}\frac{2x^3+x^2-1}{3x^4+5}$.

解 用 x^4 同除分子、分母再求函数的极限

$$\lim_{x\to\infty}\frac{2x^3+x^2-1}{3x^4+5}=\lim_{x\to\infty}\frac{\frac{2}{x}+\frac{1}{x^2}-\frac{1}{x^4}}{3+\frac{5}{x^4}}=0$$

【例 2-19】 求 $\lim\limits_{x\to\infty}\frac{3x^3+x+1}{x^2-2x-1}$.

解 用 x^3 同除分子、分母再求函数的极限

$$\lim_{x\to\infty}\frac{3x^3+x+1}{x^2-2x-1}=\lim_{x\to\infty}\frac{3+\frac{1}{x^2}+\frac{1}{x^3}}{\frac{1}{x}-\frac{2}{x^2}-\frac{1}{x^3}}=\infty$$

应当注意的是：当分子趋于非零常数而分母趋于零时，可直接写出结果.

【例 2-20】 求 $\lim\limits_{x\to1}\left(\frac{3}{1-x^3}-\frac{1}{1-x}\right)$.

解 先通分，再分解因式，约分求极限，有

$$\lim_{x\to1}\left(\frac{3}{1-x^3}-\frac{1}{1-x}\right)=\lim_{x\to1}\frac{3-(1+x+x^2)}{(1-x)(1+x+x^2)}=\lim_{x\to1}\frac{(1-x)(2+x)}{(1-x)(1+x+x^2)}$$

$$=\lim_{x\to1}\frac{2+x}{1+x+x^2}=1$$

【例 2-21】 求 $\lim\limits_{x\to+\infty}(\sqrt{x+1}-\sqrt{x})$.

解 首先对式子进行分子有理化，有

$$\lim_{x\to+\infty}(\sqrt{x+1}-\sqrt{x})=\lim_{x\to+\infty}\frac{(\sqrt{x+1}-\sqrt{x})(\sqrt{x+1}+\sqrt{x})}{(\sqrt{x+1}+\sqrt{x})}$$

$$=\lim_{x\to+\infty}\frac{1}{\sqrt{x+1}+\sqrt{x}}$$

$$=0$$

习题 2-3

1. 计算下列各极限

(1) $\lim\limits_{x\to 1}(x^2-4x+5)$；

(2) $\lim\limits_{x\to 2}\dfrac{x+2}{x-1}$；

(3) $\lim\limits_{x\to -2}\dfrac{x^2-4}{x+2}$；

(4) $\lim\limits_{x\to 5}\dfrac{x^2-6x+5}{x-5}$；

(5) $\lim\limits_{x\to 4}\dfrac{x^2-6x+8}{x^2-5x+4}$；

(6) $\lim\limits_{x\to 1}\dfrac{x^2-2x+1}{x^3-x}$；

(7) $\lim\limits_{x\to 0}\dfrac{4x^3-2x^2+x}{3x^2+2x}$；

(8) $\lim\limits_{h\to 0}\dfrac{(x+h)^3-x^3}{h}$.

2. 计算下列各极限

(1) $\lim\limits_{x\to \infty}\dfrac{x^2-1}{2x^2-x-1}$；

(2) $\lim\limits_{x\to \infty}\dfrac{x^2+x}{x^4-3x^2+1}$；

(3) $\lim\limits_{x\to \infty}\dfrac{2x^2-4x+8}{x^3+2x^2-1}$；

(4) $\lim\limits_{x\to \infty}\dfrac{8x^3-1}{6x^3-5x^2+1}$；

(5) $\lim\limits_{n\to \infty}\left(1+\dfrac{1}{2}+\dfrac{1}{2^2}+\cdots+\dfrac{1}{2^n}\right)$；

(6) $\lim\limits_{n\to \infty}\dfrac{n(n+1)}{(n+2)(n+3)}$；

(7) $\lim\limits_{n\to \infty}\left[\dfrac{1}{1\cdot 2}+\dfrac{1}{2\cdot 3}+\cdots+\dfrac{1}{n(n+1)}\right]$；

(8) $\lim\limits_{n\to \infty}\dfrac{2^{n+1}+3^{n+1}}{2^n+3^n}$.

3. 计算下列各极限

(1) $\lim\limits_{h\to 0}\dfrac{\sqrt{x+h}-\sqrt{x}}{h}$；

(2) $\lim\limits_{x\to 0}\dfrac{x^2}{1-\sqrt{1+x^2}}$；

(3) $\lim\limits_{x\to \infty}\sqrt{x+5}-\sqrt{x}$；

(4) $\lim\limits_{x\to \infty}x(\sqrt{x^2+1}-x)$；

(5) $\lim\limits_{x\to 1}\left(\dfrac{1}{x-1}-\dfrac{2}{x^2-1}\right)$；

(6) $\lim\limits_{x\to 1}\left(\dfrac{1}{1-x}-\dfrac{3}{1-x^3}\right)$；

(7) $\lim\limits_{x\to \infty}\dfrac{\sqrt{x^2-3}}{\sqrt[3]{x^3+1}}$；

(8) $\lim\limits_{x\to +\infty}\dfrac{\sqrt{x^2+1}}{x+1}$.

第 4 节　函数的连续性

一、函数的连续性

1. 函数的增量

定义 2.10　如果变量 x 从初值 x_1 到终值 x_2，那么终值与初值的差 x_2-x_1 称为变量 x 的**增量**(或**改变量**)，记为 Δx，即

$$\Delta x=x_2-x_1$$

增量 Δx 可以是正的,也可以是负的.当 Δx 为正时,变量 x 是增加的;当 Δx 为负时,变量 x 是减少的.

设函数 $y=f(x)$ 在点 x_0 的近旁有定义(包括 $x=x_0$).
当自变量 x 从 x_0 变到 $x_0+\Delta x$,有增量 Δx 时,函数 $y=f(x)$ 相应的从 $f(x_0)$ 变到 $f(x_0+\Delta x)$,因此函数 y 的相应增量为

$$\Delta y=f(x_0+\Delta x)-f(x_0)$$

这个关系式的几何解释如图 2-11 所示.

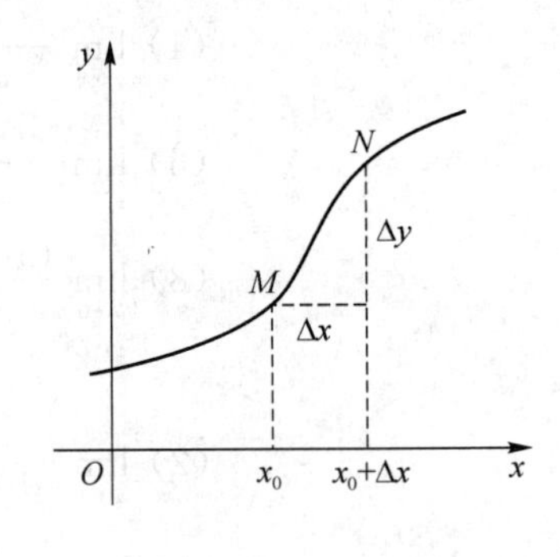

图 2-11

【例 2-22】 设 $y=f(x)=3x^2-1$,求适合下列条件的自变量的增量 Δx 和函数的增量 Δy:

(1) 当 x 由 1 变到 1.5;

(2) 当 x 由 1 变到 0.5;

(3) 当 x 由 1 变到 $1+\Delta x$.

解 (1) $\Delta x=1.5-1=0.5$,

$\Delta y=f(1.5)-f(1)=6.75-2=4.75$;

(2) $\Delta x=0.5-1=-0.5$,

$\Delta y=f(0.5)-f(1)=0.75-2=-1.25$;

(3) $\Delta x=(1+\Delta x)-1=\Delta x$,

$\Delta y=f(1+\Delta x)-f(1)=3(1+\Delta x)^2-3$

$=6\Delta x+3(\Delta x)^2$.

2. 函数 $y=f(x)$ 在点 x_0 的连续性

由图 1-19 可以看出,如果函数 $y=f(x)$ 在点 x_0 及其近旁没有断点,那么当 x_0 保持不变而让 Δx 趋近于零时,曲线上的点 N 就沿着曲线趋近于点 M,这时 Δy 也趋近于零.

下面给出函数在点 x_0 连续的定义:

定义 2.11 设函数 $y=f(x)$ 在点 x_0 及其近旁有定义,如果当自变量 x 在点 x_0 处的增量 Δx 趋近于零时,函数 $y=f(x)$ 相应的增量 $\Delta y=f(x_0+\Delta x)-f(x_0)$ 也趋近于零,那么称函数 $y=f(x)$ 在点 x_0 **连续**.即

$$\lim_{\Delta x\to 0}\Delta y=0$$

或

$$\lim_{\Delta x\to 0}[f(x_0+\Delta x)-f(x_0)]=0$$

【例 2-23】 证明函数 $y=3x^2-1$ 在点 $x=1$ 连续.

证 因为函数 $y=3x^2-1$ 的定义域为$(-\infty,+\infty)$,所以函数在 $x=1$ 及其近旁有定义.

设自变量在点 $x=1$ 处有增量 Δx,则由例 2-22(3)可知函数相应的增量为

$$\Delta y=6\Delta x+3\ (\Delta x)^2$$

因为

$$\lim_{\Delta x\to 0}\Delta y=\lim_{\Delta x\to 0}[6\Delta x+3\ (\Delta x)^2]=0$$

所以,函数 $y=3x^2-1$ 在点 $x=1$ 是连续的.

函数 $y=f(x)$在点 x_0 连续的定义还可用另一种方式叙述.

如图 2-11 所示,设 $x=x_0+\Delta x$,则,当 $\Delta x\to 0$ 时,$x\to x_0$;当 $\Delta y\to 0$ 时,

$f(x)\to f(x_0)$;即

$$\lim_{x\to x_0}f(x)=f(x_0)$$

因此,函数 $y=f(x)$在点 x_0 连续的定义又可叙述如下:

定义 2.12 设函数 $y=f(x)$在点 x_0 及其近旁有定义,如果函数 $f(x)$当 $x\to x_0$ 时的极限存在,且等于它在点 x_0 处的函数值 $f(x_0)$,即

$$\lim_{x\to x_0}f(x)=f(x_0)$$

那么称函数 $y=f(x)$在点 x_0 **连续**.

这个定义指出了函数 $y=f(x)$在点 x_0 连续要满足的三个条件:

(1) 函数 $f(x)$在点 x_0 及其近旁有定义;

(2) $\lim\limits_{x\to x_0}f(x)$存在;

(3) 函数 $f(x)$在 $x\to x_0$ 时的极限值$\lim\limits_{x\to x_0}f(x)$等于在点 $x=x_0$ 的函数值 $f(x_0)$.

【例 2-24】 证明函数 $f(x)=3x^2-1$ 在点 $x=1$ 连续.

证 (1) 函数 $f(x)=3x^2-1$ 的定义域为$(-\infty,+\infty)$,故函数在点 $x=1$ 及其近旁有定义,且 $f(1)=2$;

(2) $\lim\limits_{x\to 1}f(x)=\lim\limits_{x\to 1}(3x^2-1)=2$;

(3) $\lim\limits_{x\to 1}f(x)=2=f(1)$.

因此,根据定义 2.12,可知函数 $f(x)=3x^2-1$ 在点 $x=1$ 连续.

3. 函数 $y=f(x)$在区间(a,b)内的连续性

如果函数 $f(x)$在区间(a,b)内每一点都是连续的,则称函数 $f(x)$在区间(a,b)内连续;

设函数 $f(x)$在区间$(a,b]$内有定义,如果左极限 $\lim\limits_{x\to b^-}f(x)$存在且等于 $f(b)$,即

$$\lim_{x\to b^-}f(x)=f(b)$$

则称函数 $f(x)$在点 b 左连续.

设函数 $f(x)$在区间$[a,b)$内有定义,如果右极限 $\lim\limits_{x\to a^+}f(x)$存在且等于 $f(a)$,即

$$\lim_{x\to a^+}f(x)=f(a)$$

则称函数 $f(x)$在点 a 右连续.

【例 2-25】 作出函数 $f(x)=\begin{cases}1 & x<-1\\ x & -1\leqslant x\leqslant 1\end{cases}$ 的图像，并讨论函数 $f(x)$ 在点 $x=1$ 及点 $x=-1$ 处的连续性.

解 函数 $f(x)$ 在区间 $(-\infty,1]$ 内有定义. 函数的图像如图 2-12 所示. 因为

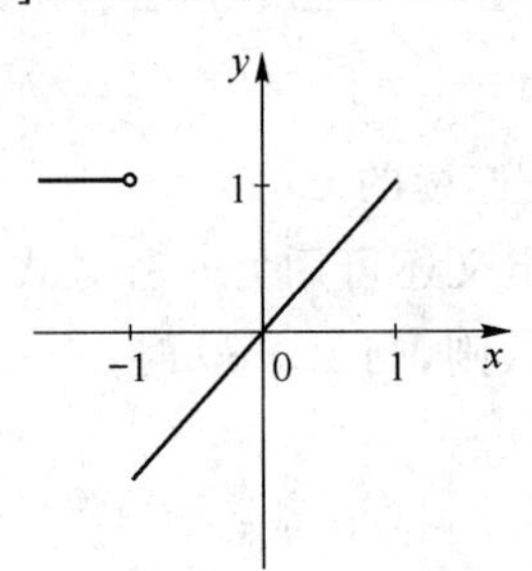

图 2-12

$$\lim_{x\to -1^{+}} f(x)=\lim_{x\to -1^{+}} x=-1$$
$$\lim_{x\to -1^{-}} f(x)=\lim_{x\to -1^{-}} 1=1$$

左极限不等于右极限，所以 $\lim\limits_{x\to -1} f(x)$ 不存在，即函数 $f(x)$ 在点 $x=-1$ 处不连续.

$$\lim_{x\to 1^{-}} f(x)=\lim_{x\to 1^{-}} 1=1=f(1)$$

则函数 $f(x)$ 在点 $x=1$ 处左连续.

如果 $f(x)$ 在 $[a,b]$ 上有定义，在 (a,b) 内连续，且 $f(x)$ 在右端点 b 左连续，在左端点 a 右连续，即

$$\lim_{x\to b^{-}} f(x)=f(b)\text{；}\lim_{x\to a^{+}} f(x)=f(a)$$

那么称函数 $f(x)$ 在**闭区间 $[a,b]$ 上连续.**

二、初等函数的连续性

我们指出：一切初等函数在其定义域内都是连续的.

【例 2-26】 求 $\lim\limits_{x\to 0}\sqrt{1-x^{2}}$.

解 设 $f(x)=\sqrt{1-x^{2}}$，它的定义区间是 $[-1,1]$，而 $x=0$ 在该区间内，所以

$$\lim_{x\to 0}\sqrt{1-x^{2}}=f(0)=1$$

【例 2-27】 求 $\lim\limits_{x\to \frac{\pi}{2}} \ln\sin x$.

解 设函数 $f(x)=\ln\sin x$，它的一个定义区间为 $(0,\pi)$，而 $x=\dfrac{\pi}{2}$ 在该区间内，所以

$$\lim_{x\to \frac{\pi}{2}} \ln\sin x=\ln\sin\frac{\pi}{2}=0$$

习题 2-4

1. 设函数 $y=f(x)=x^{3}-2x+5$，求适合下列条件的自变量的增量和对应的函数的

增量

(1) 当 x 由 2 变到 3；

(2) 当 x 由 2 变到 1；

(3) 当 x 由 2 变到 $2+\Delta x$.

2. 讨论函数 $f(x)=3x-2$ 在 $x=0$ 的连续性.

3. 讨论函数 $f(x)=\begin{cases} x^2-1 & 0\leqslant x\leqslant 1 \\ x+3 & x>1 \end{cases}$ 在 $x=\frac{1}{2}$、$x=1$、$x=2$ 各点的连续性,并画出它的图像.

4. 讨论函数 $f(x)=\begin{cases} x+1 & x<0 \\ 2-x & x\geqslant 0 \end{cases}$ 在点 $x=0$ 的连续性,并画出它的图像.

5. 求函数 $f(x)=\dfrac{x^3+3x^2-x-3}{x^2+x-6}$ 的连续区间,并求极限 $\lim\limits_{x\to 0}f(x)$,$\lim\limits_{x\to 2}f(x)$ 及 $\lim\limits_{x\to -3}f(x)$.

6. 求下列函数的极限

(1) $\lim\limits_{x\to 0}\sqrt{x^2-2x+5}$；

(2) $\lim\limits_{t\to -2}\dfrac{e^t+1}{t}$；

(3) $\lim\limits_{x\to \frac{\pi}{4}}\dfrac{\sin 2x}{2\cos(\pi-x)}$；

(4) $\lim\limits_{x\to \frac{\pi}{4}}\dfrac{\sin x-\cos x}{\cos 2x}$；

(5) $\lim\limits_{x\to 0}\dfrac{\sqrt{1+x}-1}{x}$；

(6) $\lim\limits_{x\to 0}\dfrac{\sqrt{x+4}-2}{\sin 5x}$；

本章小结

一、基本内容

本章介绍了函数和初等函数的基本概念,函数极限和函数连续性的定义.重点讲解了极限的四则运算法则,函数的连续性.

二、几个常用的基本极限

1. $\lim C=C$(C 为常数)；

2. $\lim\limits_{x\to x_0}x=x$；

3. $\lim\limits_{x\to\infty}\dfrac{1}{x^\alpha}=0$($\alpha$ 为正常数)；

4. $$\lim_{x\to\infty}\frac{a_0x^m+a_1x^{m-1}+\cdots+a_{m-1}x+a_m}{b_0x^n+b_1x^{n-1}+\cdots+b_{n-1}x+b_n}=\begin{cases} 0 & n>m \\ \dfrac{a_0}{b_0} & n=m \\ \infty & n<m \end{cases}$$

其中,$a_0\neq 0$,$b_0\neq 0$,m、n 为非负整数.

复 习 题 二

1. 填空

(1) 若函数 $y=f(x)$在点 x_0 处连续,则极限$\lim\limits_{x\to x_0}[f(x)-f(x_0)]=$________.

(2) 函数 $y=\sqrt[5]{\ln\sin^3 x}$是由函数____________________复合而成的复合函数.

(3) $\lim\limits_{x\to 1}\dfrac{1-x}{1-x^2}=$________.

2. 选择

(1) 若$\lim\limits_{x\to x_0}f(x)=A$,则必有(　　).

(A) $f(x)$在点 x_0 有定义　　(B) $f(x)$在点 x_0 处连续

(C) $f(x_0)=A$　　(D) $\lim\limits_{x\to x_0^+}f(x)=A$

(2) 若$\lim\limits_{x\to x_0^-}f(x)$存在,$\lim\limits_{x\to x_0^+}f(x)$存在,则(　　).

(A) $\lim\limits_{x\to x_0^-}f(x)=\lim\limits_{x\to x_0^+}f(x)$　　(B) $\lim\limits_{x\to x_0}f(x)$不一定存在

(C) $f(x)$在点 x_0 一定有意义　　(D) $f(x)$在点 x_0 连续

(3) 函数 $y=\ln\sqrt{2x+3}$的复合过程是(　　).

(A) $y=\ln u, u=\sqrt{2x+3}$

(B) $y=\ln\sqrt{u}, u=2x+3$

(C) $y=\ln\sqrt{u}, \sqrt{u}=\sqrt{2x+3}, u=2x+3$

(D) $y=\ln u, u=\sqrt{v}, v=2x+3$

3. 求下列函数的定义域

(1) $y=\ln\dfrac{x-2}{3-x}$;　　(2) $y=\arcsin\dfrac{2x}{x^2+1}$;

(3) $y=\sqrt{\sin x}+\sqrt{16-x^2}$;　　(4) $g(x)=\begin{cases}-1 & 0<x<1\\ 1 & x>1\end{cases}$.

4. 求下列各极限

(1) $\lim\limits_{x\to 1}\dfrac{x^4-1}{x^3-1}$;　　(2) $\lim\limits_{x\to 5}\dfrac{x^2-7x+10}{x^2-25}$;

(3) $\lim\limits_{x\to\infty}\dfrac{3x^2+2}{1-4x^2}$;　　(4) $\lim\limits_{x\to\infty}\dfrac{3x^2+2}{1-4x^3}$;

(5) $\lim\limits_{x\to\infty}\dfrac{3x^3+2}{1-4x^2}$;　　(6) $\lim\limits_{x\to\infty}\dfrac{(x-1)(x-2)(x-3)}{(1-4x)^3}$;

(7) $\lim\limits_{n\to\infty}\dfrac{1+\dfrac{1}{2}+\dfrac{1}{4}+\cdots+\dfrac{1}{2^n}}{1+\dfrac{1}{3}+\dfrac{1}{9}+\cdots+\dfrac{1}{3^n}}$;　　(8) $\lim\limits_{x\to 0}\dfrac{\sqrt{1+x^2}-1}{x}$;

(9) $\lim\limits_{x\to 1}\dfrac{\sqrt{3-x}-\sqrt{1+x}}{x^2-1}$；　　(10) $\lim\limits_{x\to 0}\dfrac{\sqrt{1+x}-\sqrt{1-x}}{x}$；

(11) $\lim\limits_{x\to+\infty}\sqrt{x}(\sqrt{x+a}-\sqrt{x})$；　　(12) $\lim\limits_{x\to 1}\dfrac{\sqrt{x}-1}{\sqrt[4]{x}-1}$.

5. 设 $f(x)=\dfrac{x^2-1}{|x-1|}$，求 $\lim\limits_{x\to 1^+}f(x)$ 及 $\lim\limits_{x\to 1^-}f(x)$，并说明在这一点的极限是否存在.

6. 设函数(1)试写出函数的定义域并作出图像；

$$f(x)=\begin{cases}x & 0<x<1\\ 2 & x=1\\ 2-x & 1<x\leqslant 2\end{cases}$$

(2) 判断 $x=1$ 处是否连续？

7. 设函数

$$f(x)=\begin{cases}2x & 0<x<1\\ 2 & 1\leqslant x<2\end{cases}$$

(1) 求当 $x\to 1$ 时 $f(x)$ 的左右极限，$\lim\limits_{x\to 1}f(x)$ 存在吗？

(2) 求 $f(1)$，$f(x)$ 在 $x=1$ 处连续吗？

(3) 求 $f(x)$ 的连续区间.

自　测　题

一、填空题(每题 3 分，共 30 分)

1. $f(x)=\begin{cases}\sqrt{4-x^2} & |x|\leqslant 2\\ \sin x & 2<x<3\end{cases}$ 的定义域是__________，$f\left(\dfrac{\pi}{2}\right)=$__________.

2. $f(x)=(x-2)(8-x)$，则 $f[f(3)]=$__________.

3. 初等函数 $y=\mathrm{e}^{\tan^2\sqrt{x}}$ 由基本初等函数________________复合而成.

4. 函数 $y=\dfrac{1}{x^2-2x-3}$ 的连续区间是__________.

5. 函数 $y=x\sin x$ 的图形关于____________对称.

6. 函数 $f(x)=\ln\dfrac{1-x}{1+x}$ 的奇偶性是____________.

7. 函数 $y=\sqrt{x^2-3x+2}$ 的定义域为____________.

8. 函数 $y=\sqrt{1-x^2}$，$x\in[-1,0]$ 的反函数为________________.

9. 已知 $f(x+1)=x^2+x+1$，则 $f(x)=$____________.

10. $\lim\limits_{x\to 1}\dfrac{x+2x^2+\cdots+100x^{100}}{x+x^2+\cdots+x^{100}}=$__________.

二、求极限(每题 5 分,共 40 分)

1. $\lim\limits_{x \to 5} \dfrac{x^2-6x+5}{x-5}$；

2. $\lim\limits_{x \to 1} \dfrac{\sqrt{x+3}-2}{x-1}$；

3. $\lim\limits_{x \to 0} \dfrac{x^2}{1-\sqrt{1+x^2}}$；

4. $\lim\limits_{n \to \infty} \dfrac{2^{n+1}+3^{n+1}}{2^2+3^n}$；

5. $\lim\limits_{x \to 0} \dfrac{(1+x)^3-x^3}{x}$；

6. $\lim\limits_{x \to 2} \left(\dfrac{1}{x-2}-\dfrac{12}{x^3-8}\right)$；

7. $\lim\limits_{n \to 0} \dfrac{1+2+\cdots+n}{1+n^2}$；

8. $\lim\limits_{x \to 0} \dfrac{x^n-1}{x-1}$.

三、连续题(每题 6 分,共 18 分)

1. 设 $f(x)=\begin{cases} e^x+1 & x<0 \\ K & x=0 \\ \dfrac{\sin 2x}{x} & x>0 \end{cases}$

问 K 为何值，$f(x)$在 $x=0$ 连续.

2. 设函数 $f(x)=\begin{cases} x^2 & 0\leqslant x\leqslant 1 \\ x+1 & x>1 \end{cases}$,讨论 $f(x)$在 $x=1$ 处的连续性.

3. 已知函数 $f(x)=\begin{cases} 0 & x<0 \\ x & 0\leqslant x<1 \\ -x^2+4x-2 & 1\leqslant x<3 \\ 4-x & x\geqslant 3 \end{cases}$,求 $f(x)$的连续区间.

四、设函数 $f(x)=\begin{cases} 3x+2 & x\leqslant 0 \\ x^2+1 & 0<x\leqslant 1 \\ \dfrac{2}{x} & x>1 \end{cases}$,分别求下列极限

(1) $\lim\limits_{x \to -1} f(x)$； (2) $\lim\limits_{x \to 0} f(x)$； (3) $\lim\limits_{x \to 1} f(x)$； (4) $\lim\limits_{x \to +\infty} f(x)$ (12 分).

第3章　一元函数的微分学

第1节　导数的概念

一、两个实例

1. 变速直线运动的速度

人们在日常生活中，对物体的“运动速度”都有一定的了解，但这种了解仅限于常识性的，实际上都是指运动物体在一段时间内的平均速度. 但在实际问题中，仅仅知道运动物体的平均速度是不够的，还要知道物体在某一时刻的瞬时速度.

一般地，设物体作变速直线运动，若以它运动的直线为数轴，直线上 t 时刻的位置坐标为 s，则运动方程为 $s=s(t)$，我们称此方程 $s=s(t)$ 为位置函数.

设物体运动的初始时刻为 t_0，t 在 t_0 时刻有一个改变量 Δt（图 3-1），则物体的位置函数 $s=s(t)$ 相应地有改变量

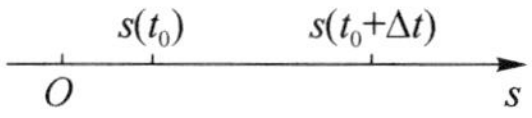

图 3-1

$$\Delta s=s(t_0+\Delta t)-s(t_0)$$

则物体在这段时间内的平均速度为

$$\bar{v}=\frac{\Delta s}{\Delta t}=\frac{s(t_0+\Delta t)-s(t_0)}{\Delta t}$$

由这个式子，我们可以看出，在变速直线运动中，物体运动的速度是连续变化的，从整体来看，物体的运动是变速的，但从局部来看，在很短的一段时间 Δt 内，速度可以近似地看作是匀速的. 因此，当 $|\Delta t|$ 很小时，物体在 $|\Delta t|$ 这段时间内可以近似地看作是匀速运动，用 $\frac{\Delta s}{\Delta t}$ 来近似表示物体在 t_0 时刻的瞬时速度 $v(t_0)$，当 $|\Delta t|$ 越小，这种近似程度越好.

因此，当 $\Delta t\to 0$ 时，平均速度 $\bar{v}$ 的极限值就是物体在 t_0 时刻的瞬时速度 $v(t_0)$，即

$$v(t_0)=\lim_{\Delta t\to 0}\bar{v}=\lim_{\Delta t\to 0}\frac{\Delta s}{\Delta t}=\lim_{\Delta t\to 0}\frac{s(t_0+\Delta t)-s(t_0)}{\Delta t}$$

我们称平均速度 $\frac{\Delta s}{\Delta t}$ 为位移 s 在 t_0 到 $t_0+\Delta t$ 的时间间隔内的**平均变化率**，当 $\Delta t\to 0$ 时，

平均变化率的极限值$\lim\limits_{\Delta t\to 0}\dfrac{\Delta s}{\Delta t}$,称为位置函数 $s=s(t)$在时刻 $t=t_0$ 时的瞬时速度,也称为瞬时变化率.

2. 平面曲线的切线斜率

在中学我们对平面曲线的切线有过一定的了解,但只局限于讨论直线与二次曲线或一些简单函数图像的交点问题,对较复杂的一些曲线的切线问题,我们有下面的定义.

设 C 是一条平面曲线,P_0 是曲线 C 上的一个定点,P 是曲线 C 上的一个动点,如果点 P 沿曲线 C 移动而趋于与 P_0 点重合时,称割线 P_0P 的极限位置 P_0T 为曲线 C 在点 P_0 处的切线,如图 3-2 所示.

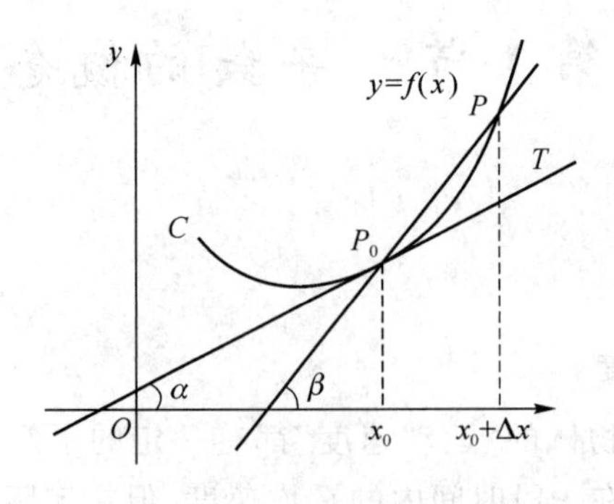

图 3-2

设曲线 C 的方程为 $y=f(x)$,在定点 $P_0(x_0,y_0)$的附近取一点 $P(x_0+\Delta x,y_0+\Delta y)$,则割线 P_0P 的斜率为

$$\frac{\Delta y}{\Delta x}=\frac{f(x_0+\Delta x)-f(x_0)}{\Delta x}=\tan\beta$$

我们知道,割线的极限位置是切线. 当 $\Delta x\to 0$ 时,$\beta\to\alpha$,割线 P_0P 的斜率 $\tan\beta$ 趋向 P_0 点处的切线 P_0T 的斜率 $\tan\alpha$,即

$$k=\tan\alpha=\lim_{\Delta x\to 0}\frac{\Delta y}{\Delta x}=\lim_{\Delta x\to 0}\frac{f(x_0+\Delta x)-f(x_0)}{\Delta x}$$

也就是说,曲线在某一点处切线的斜率就是函数改变量与自变量改变量之比当自变量改变量趋于零时的极限.

二、导数的定义

定义 3.1 设函数 $y=f(x)$在点 x_0 的某邻域内有定义,当自变量 x 在 x_0 处有改变量 Δx(点 $x_0+\Delta x$ 仍在该邻域内)时,相应地函数 $f(x)$有改变量

$$\Delta y=f(x_0+\Delta x)-f(x_0)$$

如果$\lim\limits_{\Delta x\to 0}\dfrac{\Delta y}{\Delta x}$存在,则称这个极限值为函数 $y=f(x)$在点 x_0 处的**导数**,记为 $f'(x_0)$,即

$$f'(x_0)=\lim_{\Delta x\to 0}\frac{\Delta y}{\Delta x}=\lim_{\Delta x\to 0}\frac{f(x_0+\Delta x)-f(x_0)}{\Delta x} \tag{3.1}$$

也可记作 $y'\big|_{x=x_0}$, $\dfrac{\mathrm{d}y}{\mathrm{d}x}\bigg|_{x=x_0}$ 或 $\dfrac{\mathrm{d}}{\mathrm{d}x}f(x)\bigg|_{x=x_0}$

如果上述极限存在,称函数 $f(x)$在点 x_0 处可导;如果上述极限不存在,则称函数 $y=f(x)$在点 x_0 处不可导.

显然,函数增量与自变量增量的比值$\frac{\Delta y}{\Delta x}$是函数在以 x_0 和 $x_0+\Delta x$ 为端点的区间上的平均变化率,而导数则是函数 $y=f(x)$在点 x_0 处的瞬时变化率,它反映了函数随自变量的变化而变化的快慢程度.一般情况下,无特殊声明,变化率指的是瞬时变化率.

导数的定义式也可以有不同的表达方式,常见的有

$$f'(x_0)=\lim_{\Delta x\to 0}\frac{f(x)-f(x_0)}{x-x_0} \tag{3.2}$$

$$f'(x_0)=\lim_{h\to 0}\frac{f(x_0+h)-f(x_0)}{h} \tag{3.3}$$

由导数的定义,我们可以将前面两个问题归结如下:

(1) 变速直线运动在 t_0 时刻的瞬时速度,就是位置函数 $s=s(t)$在 t_0 处对时间 t 的导数,即

$$v(t_0)=s'(t_0)\text{或 } v(t_0)=\left.\frac{\mathrm{d}s}{\mathrm{d}t}\right|_{t=t_0}$$

(2) 平面曲线的切线斜率是曲线纵坐标 y 在该点对横坐标 x 的导数,即

$$k=\tan\alpha=y'|_{x=x_0}=f'(x_0)\text{或 } k=\left.\frac{\mathrm{d}y}{\mathrm{d}x}\right|_{x=x_0}$$

以上我们论述的是函数在某一点 x_0 处可导.如果函数 $y=f(x)$在区间(a,b)内每一点都可导,则称函数 $f(x)$在区间(a,b)内可导.这时,函数 $f(x)$对于(a,b)内的每一个确定的 x 值,都对应着一个确定的导数值,这样就构成了一个新的函数,这个新的函数称原来函数 $y=f(x)$的**导函数**,记为 y',$f'(x)$,$\frac{\mathrm{d}y}{\mathrm{d}x}$ 或 $\frac{\mathrm{d}}{\mathrm{d}x}f(x)$.

在式(3.1)中,将 x_0 换成 x,就得到求导函数的计算公式

$$f'(x)=\lim_{\Delta x\to 0}\frac{f(x+\Delta x)-f(x)}{\Delta x} \tag{3.4}$$

显然,函数 $y=f(x)$在点 x_0 处的导数 $f'(x_0)$就是导函数 $f'(x)$在点 $x=x_0$ 处的函数值,即 $f'(x_0)=f'(x)|_{x=x_0}$.在不致发生混淆的情况下,导函数也简称导数.

三、导数常用公式

高中学过的导数公式如下:

(1) $(C)'=0$;

(2) $(x^{\mu})'=\mu x^{\mu-1}$;

(3) $(\sin x)'=\cos x$;

(4) $(\cos x)'=-\sin x$;

(5) $(\log_a x)'=\frac{1}{x\ln a}$;

(6) $(\ln x)'=\frac{1}{x}$;

(7) $(\mathrm{e}^x)'=\mathrm{e}^x$;

(8) $(a^x)'=a^x\ln a$.

利用幂函数的导数公式可求得：

$$(x)'=1$$
$$(x^2)'=2x$$
$$(x^3)'=3x^2$$
$$(\sqrt{x})'=(x^{\frac{1}{2}})'=\frac{1}{2}x^{-\frac{1}{2}}=\frac{1}{2\sqrt{x}}$$
$$\left(\frac{1}{x}\right)'=(x^{-1})'=-x^{-2}=-\frac{1}{x^2}$$

四、导数的几何意义

由导数的定义及曲线切线斜率的求法可知，函数 $y=f(x)$ 在点 x_0 处的导数 $f'(x_0)$，其几何意义就是曲线 $y=f(x)$ 在该点 $P_0(x_0,f(x_0))$ 处切线的斜率，如图 3-3 所示，即

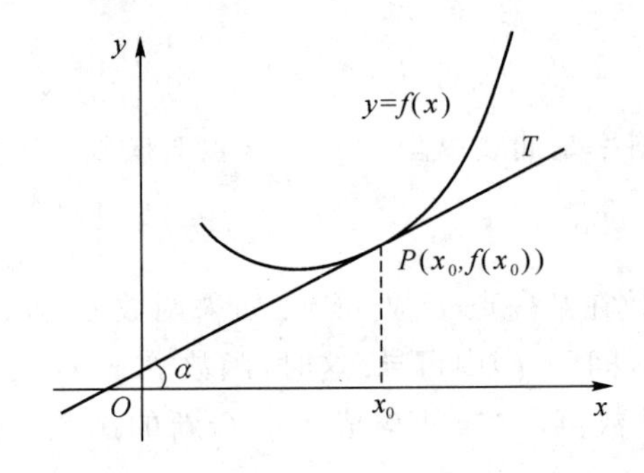

图 3-3

$$k=\tan\alpha=\lim_{\Delta x\to 0}\frac{f(x_0+\Delta x)-f(x_0)}{\Delta x}$$

其中，α 是切线的倾斜角.

根据导数的几何意义，用直线的点斜式方程，可知曲线 $y=f(x)$ 在点 $P_0(x_0,y_0)$ 处的切线方程为

$$y-y_0=f'(x_0)(x-x_0)$$

法线方程为

$$y-y_0=-\frac{1}{f'(x_0)}(x-x_0),(f'(x_0)\neq 0)$$

【例 3-1】 求曲线 $y=\frac{1}{x}$ 在 $\left(\frac{1}{2},2\right)$ 点处切线的斜率，并求出该点处曲线的切线和法线方程.

解 因为 $y'=\left(\frac{1}{x}\right)'=-\frac{1}{x^2}$，由导数的几何意义，得曲线在点 $\left(\frac{1}{2},2\right)$ 处切线的斜率为

$$k_1=y'\big|_{x=\frac{1}{2}}=-\frac{1}{x^2}\bigg|_{x=\frac{1}{2}}=-4$$

所以，所求的切线方程为 $y-2=-4\left(x-\frac{1}{2}\right)$

即

$$4x+y-4=0$$

所求法线的斜率为

$$k_2=\frac{1}{4}$$

所求法线的方程为
$$y-2=\frac{1}{4}\left(x-\frac{1}{2}\right)$$
即
$$2x-8y+15=0$$

【例 3-2】 在曲线 $y=\ln x$ 上，哪一点处的切线平行于直线 $y=x+1$？求这个点并求出过该点的切线方程.

解 设在曲线 $y=\ln x$ 上，点 (x_0,y_0) 处的切线平行于直线 $y=x+1$.

因为直线 $y=x+1$ 的斜率为 1，根据两条直线平行的条件，故所求切线的斜率也等于 1.

由导数的几何意义可知，导数
$$y'=(\ln x)'=\frac{1}{x}$$
表示曲线 $y=\ln x$ 上点 (x,y) 处切线的斜率，于是有

$\frac{1}{x_0}=1$，解得 $x_0=1$，代入曲线 $y=\ln x$ 中，得 $y_0=0$

所以曲线 $y=\ln x$ 在点 $(1,0)$ 处的切线平行于直线 $y=x+1$，曲线的切线方程为
$$y=x-1 \quad 即 \quad x-y-1=0$$

五、函数的可导性与连续性之间的关系

如果函数 $y=f(x)$ 在点 x 处连续，则它在该点处不一定可导. 即可导必连续，而连续则不一定可导. 函数连续是函数可导的必要条件，但不是充分条件.

函数 $y=|x|$ 在定义区间 $(-\infty,+\infty)$ 内处处是连续的(图 3-4)，但它在点 $x=0$ 处确不可导.

还有图 3-5 情况在图形中表现为曲线 $y=\sqrt[3]{x}$ 在原点 O 处具有垂直于 x 轴的切线，该点处切线的斜率不存在. 所以不可导.

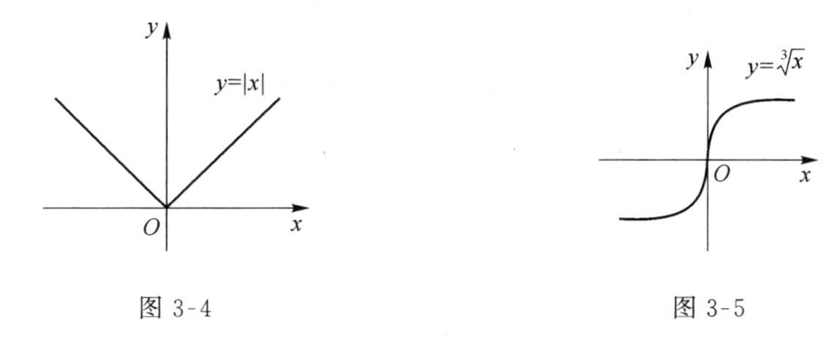

图 3-4　　　　图 3-5

习题 3-1

1. 根据导数的定义，求下列函数的导数和导数值

(1) $y=3x^2$，求 y' 及 $y'|_{x=-3}$；　　(2) $y=1-2x^2$，求 y' 及 $y'|_{x=2}$.

2. 如果函数 $f(x)$ 在点 x_0 处可导，计算下列极限

(1) $\lim\limits_{h\to0}\frac{f(x_0+2h)-f(x_0)}{h}$；　　(2) $\lim\limits_{h\to0}\frac{f(x_0+h)-f(x_0-h)}{2h}$.

3. 利用幂函数的导数公式，求下列幂函数的导数

(1) $y=\frac{1}{\sqrt{x}}$；　(2) $y=x^{-3}$；　(3) $y=x^{\frac{3}{2}}$；　(4) $y=\frac{x^2\sqrt{x}}{\sqrt[4]{x}}$.

4. 设 $f(x)=\cos x$，求 $f'\left(\frac{\pi}{6}\right)$，$f'\left(\frac{\pi}{3}\right)$.

5. 求曲线 $y=\ln x$ 在点(1,0)处的切线方程和法线方程.

6. 求正弦函数 $y=\sin x$ 在点$\left(\frac{\pi}{4},\frac{\sqrt{2}}{2}\right)$处的切线的斜率，并求出切线方程和法线方程.

7. 已知曲线 $y=x^{\frac{3}{2}}$，问该曲线上哪一点处的切线与直线 $y=3x-1$ 平行？

8. 在抛物线 $y=x^2$ 上依次取 $M_1(1,1)$、$M_2(3,9)$两点，过这两点作割线 M_1M_2，问抛物线上哪一点处的切线平行于这条割线？

9. 讨论函数 $y=|\sin x|$ 在点 $x=0$ 处的连续性和可导性.

第2节　函数求导法则

一、函数的和、差、积、商的求导法则

定理 3.1　设 $u=u(x)$和 $v=v(x)$都是可导函数，则

① 和、差的求导法则$(u\pm v)'=u'\pm v'$.

② 积的求导法则$(uv)'=u'v+uv'$.

特别地$(Cu)'=Cu'$(C 为常数).

③ 商的求导法则$\left(\frac{u}{v}\right)'=\frac{u'v-uv'}{v^2}(v\neq 0)$.

和、差、积的求导法则可推广到有限多个函数的情形：

$$(u_1\pm u_2\pm\cdots\pm u_n)'=u_1{}'\pm u_2{}'\pm\cdots\pm u_n{}'$$

$$(uvw)'=u'vw+uv'w+uvw'$$

【例 3-3】　求函数 $y=x^3-3x^2+x+\sin x+1$ 的导数.

解　$y'=(x^3-3x^2+x+\sin x+1)'$

$=(x^3)'-(3x^2)'+x'+(\sin x)'+(1)'$

$=3x^2-6x+1+\cos x$

【例 3-4】　求函数 $y=2x-\sqrt{x}+3\sin x-\ln 3$ 的导数.

解　$y'=(2x-\sqrt{x}+3\sin x-\ln 3)'$

$=(2x)'-(\sqrt{x})'+(3\sin x)'-(\ln 3)'$

$=2-\frac{1}{2\sqrt{x}}+3\cos x$

【例 3-5】　求函数 $y=x\ln x$ 的导数.

解　$y'=(x)'\ln x+x(\ln x)'=\ln x+1$

【例 3-6】 求函数 $y=x^2\cos x$ 的导数.

解 $y'=(x^2)'\cos x+x^2(\cos x)'$

$=2x\cos x-x^2\sin x$

【例 3-7】 设函数 $f(x)=(1+x^3)(5-\frac{1}{x^2})$，求 $f'(1)$、$f'(-1)$.

解 $f'(x)=(1+x^3)'\left(5-\frac{1}{x^2}\right)+(1+x^3)\left(5-\frac{1}{x^2}\right)'$

$=3x^2\left(5-\frac{1}{x^2}\right)+(1+x^3)\frac{2}{x^3}$

$=15x^2+\frac{2}{x^3}-1$

$f'(1)=15+2-1=16,f'(-1)=15-2-1=12$

【例 3-8】 求函数 $y=\frac{x-1}{x+1}$的导数.

解 $y'=\left(\frac{x-1}{x+1}\right)'=\frac{(x-1)'(x+1)-(x-1)(x+1)'}{(x+1)^2}=\frac{2}{(x+1)^2}$

【例 3-9】 求正切函数 $y=\tan x$ 的导数.

解 $y'=(\tan x)'=\left(\frac{\sin x}{\cos x}\right)'=\frac{(\sin x)'\cos x-(\sin x)(\cos x)'}{\cos^2 x}$

$=\frac{\cos^2 x+\sin^2 x}{\cos^2 x}=\frac{1}{\cos^2 x}=\sec^2 x$

即

$$(\tan x)'=\sec^2 x$$

用类似的方法可求得余切函数 $y=\cot x$ 的导数

$$(\cot x)'=-\csc^2 x$$

【例 3-10】 求正割函数 $y=\sec x$ 的导数.

解 $y'=(\sec x)'=\left(\frac{1}{\cos x}\right)'=-\frac{(\cos x)'}{\cos^2 x}=\frac{\sin x}{\cos^2 x}=\tan x\sec x$

即

$$(\sec x)'=\tan x\sec x$$

用类似的方法可求得余割函数 $y=\csc x$ 的导数

$$(\csc x)'=-\cot x\csc x$$

【例 3-11】 设函数 $f(x)=\frac{x\sin x}{1+\cos x}$，求 $f'(x)$.

解 利用法则③，得

$$f'(x)=\frac{(x\sin x)'(1+\cos x)-x\sin x(1+\cos x)'}{(1+\cos x)^2}$$

$$=\frac{(\sin x+x\cos x)(1+\cos x)-x\sin x(-\sin x)}{(1+\cos x)^2}$$

$$=\frac{\sin x(1+\cos x)+x\cos x+x\cos^2 x+x\sin^2 x}{(1+\cos x)^2}$$

$$=\frac{\sin x(1+\cos x)+x(1+\cos x)}{(1+\cos x)^2}$$

$$=\frac{\sin x+x}{1+\cos x}$$

二、基本初等函数的求导公式

(1) $(C)'=0$;

(2) $(x^{\mu})'=\mu x^{\mu-1}$;

(3) $(\sin x)'=\cos x$;

(4) $(\cos x)'=-\sin x$;

(5) $(\log_a x)'=\frac{1}{x\ln a}$;

(6) $(\ln x)'=\frac{1}{x}$;

(7) $(e^x)'=e^x$;

(8) $(a^x)'=a^x\ln a$;

(9) $(\tan x)'=\sec^2 x$;

(10) $(\cot x)'=-\csc^2 x$;

(11) $(\sec x)'=\sec x\tan x$;

(12) $(\csc x)'=-\csc x\cot x$;

(13) $(\arcsin x)'=\frac{1}{\sqrt{1-x^2}}$;

(14) $(\arccos x)'=-\frac{1}{\sqrt{1-x^2}}$;

(15) $(\arctan x)'=\frac{1}{1+x^2}$;

(16) $(\operatorname{arccot} x)'=-\frac{1}{1+x^2}$.

三、复合函数的求导法则

复合函数的求导法则:设函数 $u=\varphi(x)$在点 x 处可导,函数 $y=f(u)$在相应的点 $u=\varphi(x)$处可导,那么复合函数 $y=f[\varphi(x)]$在点 x 处一定可导,且有

$$\frac{dy}{dx}=\frac{dy}{du}\cdot\frac{du}{dx} \quad 或 \quad [f(\varphi(x)]'=f'(\varphi(x))\varphi'(x)$$

此定理又称为复合函数求导的链式法则.

并且可以推广到多次复合的情况:

$$\frac{dy}{dx}=\frac{dy}{du}\frac{du}{dv}\frac{dv}{dx}$$

【例 3-12】 求函数 $y=(2x+1)^5$ 的导数.

解 函数 $y=(2x+1)^5$ 是由 $y=u^5$ 与 $u=2x+1$ 复合而成.

因为 $y'_u=5u^4, u'_x=2$,所以 $y'=5u^4\cdot 2=10u^4=10(2x+1)^4$

【例 3-13】 求函数 $y=\sin 5x$ 的导数.

解 函数 $y=\sin 5x$ 是由 $y=\sin u, u=5x$ 复合而成,所以

$$y'=(\sin 5x)'=(\sin u)'(5x)'=(\cos u)5=5\cos 5x$$

注意:复合函数求导后要将中间变量换成原变量.

【例 3-14】 设函数 $y=2\cos(x^2+3)$，求 y'.

解　函数 $y=2\cos(x^2+3)$是由 $y=2\cos u, u=x^2+3$ 复合而成，所以

$$y'=-2\sin u\cdot(2x+0)=-4x\sin u=-4x\sin(x^2+3)$$

对复合函数的分解比较熟练后，就可以不写出中间变量，只要记住复合过程，由外到内，层层求导，即可求出函数的导数.

【例 3-15】 求函数 $y=\left(\frac{1}{3}x^3-5\right)^{10}$ 的导数.

解　$$y'=\left[\left(\frac{1}{3}x^3-5\right)^{10}\right]'=10\left(\frac{1}{3}x^3-5\right)^9\left(\frac{1}{3}x^3-5\right)'$$

$$=10\left(\frac{1}{3}x^3-5\right)^9\cdot x^2=10x^2\left(\frac{1}{3}x^3-5\right)$$

【例 3-16】 求幂函数 $y=x^\mu(\mu\in R, x>0)$的导数.

解　将幂函数 $y=x^\mu$ 写成 $y=e^{\mu\ln x}$形式，则幂函数 $y=x^\mu=e^{\mu\ln x}$是由 $y=e^u$ 和 $u=\mu\ln x$ 复合而成. 于是有

$$y'=(x^\mu)'=(e^{\mu\ln x})'=(e^u)'(\mu\ln x)'$$

$$=e^u\mu\frac{1}{x}=\mu x^{\mu-1}$$

即，幂函数的导数公式$(x^\mu)'=\mu x^{\mu-1}(\mu\in R, x>0)$

【例 3-17】 求函数 $y=\sin(1+e^x)^2$ 的导数.

解　$$y'=\cos(1+e^x)^2[(1+e^x)^2]'$$

$$=2(1+e^x)\cos(1+e^x)^2(1+e^x)'=2e^x(1+e^x)\cos(1+e^x)^2$$

【例 3-18】 求函数 $y=\frac{1}{2}\arctan\frac{2x}{1-x^2}$的导数.

解　$$y'=\frac{1}{2}\cdot\frac{1}{1+\left(\frac{2x}{1-x^2}\right)^2}\left(\frac{2x}{1-x^2}\right)'$$

$$=\frac{1}{2}\cdot\frac{1}{1+\left(\frac{2x}{1-x^2}\right)^2}\cdot\frac{2(1-x^2)-2x(-2x)}{(1-x^2)^2}=\frac{1}{1+x^2}$$

【例 3-19】 求函数 $y=\ln(x+\sqrt{x^2+a^2})$的导数.

解　$$y'=\frac{1}{x+\sqrt{x^2+a^2}}\cdot(x+\sqrt{x^2+a^2})'$$

$$=\frac{1}{x+\sqrt{x^2+a^2}}\cdot\left[1+\frac{1}{2\sqrt{x^2+a^2}}\cdot(a^2+x^2)'\right]$$

$$=\frac{1}{x+\sqrt{x^2+a^2}}\cdot\left(1+\frac{x}{\sqrt{x^2+a^2}}\right)=\frac{1}{\sqrt{x^2+a^2}}$$

习题 3-2

1. 求下列函数的导数

(1) $y=3x^3-\frac{1}{x^3}+\frac{1}{3}$；　　　　(2) $y=6x^{\frac{5}{2}}+4x^{\frac{3}{2}}+x$；

(3) $y=2\cos x-7x+\sin\frac{\pi}{3}$；

(4) $y=\frac{1}{x^2}+\log_a 3$；

(5) $y=x^2(\sqrt{x}+3)$；

(6) $y=\frac{3x^2+7x-1}{\sqrt{x}}$；

(7) $y=\frac{2+\sin x}{x}$；

(8) $y=(3x^2+2x-1)\sin x$；

(9) $y=x(x+1)(x+2)$；

(10) $y=x^{10}+\ln x$；

(11) $y=x^2\arcsin x$；

(12) $y=\sqrt{x}\arctan x$；

(13) $y=\frac{\tan x}{x}$；

(14) $y=\sqrt{x}-\frac{1}{\sqrt{x}}+\ln x$；

(15) $y=\left(x+\frac{1}{x}\right)\ln x$；

(16) $y=\frac{\cos x+\sin x}{\cos x-\sin x}$；

(17) $y=e^x\sin x$；

(18) $y=\frac{1-\ln x}{1+\ln x}$.

2. 求下列函数在给定点处的导数

(1) $f(x)=-2x^2+x+1$，求 $f'(0)$，$f'(1)$；

(2) $S(t)=\frac{3}{5-t}+\frac{t^2}{5}$，求 $S'(0)$，$S'(2)$；

(3) $f(x)=\ln x+2\cos x-7x$，求 $f'\left(\frac{\pi}{2}\right)$，$f'(\pi)$；

(4) $\varphi(x)=x\cos x+3x^2$，求 $\varphi'(\pi)$，$\varphi'(-\pi)$.

3. 过点 $M(1,1)$ 作抛物线 $y=2-x^2$ 的切线，求切线的方程.

4. 曲线 $y=\sin x$ 在区间 $(-\pi,\pi)$ 上哪点处的切线与 x 轴成 $\frac{\pi}{4}$ 的角？哪点处的切线与 x 轴平行？

5. 指出下列复合函数的复合过程，并求它们的导数

(1) $y=\ln(1-x)$；

(2) $y=\sin^2 x$；

(3) $y=3\sin(3x+5)$；

(4) $y=\sqrt{1+x^2}$；

(5) $y=\tan\left(\frac{x}{2}+1\right)$；

(6) $y=(x^2+4x-7)^5$.

6. 求下列函数的导数

(1) $y=\sqrt{3x+4}$；

(2) $y=(3x^2+1)^{10}$；

(3) $y=2\cos\left(5x+\frac{\pi}{4}\right)$；

(4) $y=\ln\sin x$；

(5) $y=(x-1)\sqrt{x^2+1}$；

(6) $y=\frac{x}{2}\sqrt{x^2-a^2}$；

(7) $y=\cos^3(x^2-1)$；

(8) $y=(\ln 2x)\sin 3x$；

(9) $y=a^{3x+2}$；

(10) $y=5^{x^2+2x}$；

(11) $y=\ln\sqrt{\frac{x+1}{x-1}}$；

(12) $y=\ln\frac{e^x}{1+e^x}$；

(13) $y=\arcsin\sqrt{\sin x}$；

(14) $y=(\arccos x)^2$；

(15) $y=\ln[\ln(\ln x)]$;　　(16) $y=\sqrt{1-x^2}\arccos x$.

7. 求下列函数在给定点处的导数

(1) $y=\sqrt[3]{4x-3}$,求$y'|_{x=1}$;　　(2) $y=\dfrac{1}{\sqrt[3]{1+x^2}}$,求$y'|_{x=0}$;

(3) $y=\ln\tan x$,求 $y'|_{x=\frac{\pi}{6}}$;　　(4) $y=\ln[(x^3+3)(x^3+1)]$,求 $y'|_{x=1}$.

8. 若曲线 $y=x\ln x$ 的切线垂直于直线 $2x-2y+3=0$,试求该切线的方程.

第 3 节　高阶导数

一、高阶导数的概念

一般来说,函数 $y=f(x)$的导数 $y'=f'(x)$仍然是 x 的一个函数.如果 $y'=f'(x)$的导数仍然存在,我们称这个导数为函数 $y=f(x)$的二阶导数,记为

$$y'',f''(x),\frac{\mathrm{d}^2y}{\mathrm{d}x^2}\text{或}\frac{\mathrm{d}^2f(x)}{\mathrm{d}x^2}$$

即

$$y''=(y')',f''(x)=[f'(x)]',\frac{\mathrm{d}^2y}{\mathrm{d}x^2}=\frac{\mathrm{d}}{\mathrm{d}x}\left(\frac{\mathrm{d}y}{\mathrm{d}x}\right)$$

以此类推,二阶导数 $f''(x)$的导数存在,则称其为函数 $y=f(x)$的三阶导数,记为

$$y''',f'''(x),\frac{\mathrm{d}^3y}{\mathrm{d}x^3}\text{ 或 }\frac{\mathrm{d}^3f(x)}{\mathrm{d}x^3}$$

函数 $y=f(x)$的三阶导数的导数称为函数 $y=f(x)$的四阶导数,…….

一般地,若函数 $y=f(x)$的 $n-1$ 阶导数 $f^{(n-1)}(x)$的导数存在,则称其为函数 $y=f(x)$的 n 阶导数,记为

$$y^{(n)},f^{(n)}(x)\text{或}\frac{\mathrm{d}^ny}{\mathrm{d}x^n}$$

二阶及二阶以上的导数统称为高阶导数.相应地,函数 $y=f(x)$的导数称为函数 $y=f(x)$的一阶导数.

由以上可知,求函数的高阶导数就是按照求导法则和求导公式对函数逐阶进行求导,直到所要求的阶数即可.我们来看以下的例子.

【例 3-20】 求函数 $y=3x^4+5x^2+3x+1$ 的二阶导数.

解 $y'=12x^3+10x+3,y''=36x^2+10$

【例 3-21】 求函数 $y=x^3+\mathrm{e}^x\cos x$ 的二阶导数.

解 $y'=3x^2+\mathrm{e}^x\cos x-\mathrm{e}^x\sin x$

$$\begin{aligned}y''&=6x+\mathrm{e}^x\cos x-\mathrm{e}^x\sin x-\mathrm{e}^x\sin x-\mathrm{e}^x\cos x\\&=6x-2\mathrm{e}^x\sin x\end{aligned}$$

【例 3-22】 设 $f(x)=\mathrm{e}^{2x-1}$,求 $f''(0)$.

解 因为 $f'(x)=2\mathrm{e}^{2x-1},f''(x)=4\mathrm{e}^{2x-1}$

所以

$$f''(0)=\frac{4}{\mathrm{e}}$$

【例 3-23】 求 n 次多项式函数 $p_n(x)=a_0x^n+a_1x^{n-1}+\cdots+a_{n-1}x+a_n$ 的各阶导数.

解 $p_n'(x)=na_0x^{n-1}+(n-1)a_1x^{n-2}+\cdots+a_{n-1}$

$p_n''(x)=n(n-1)a_0x^{n-2}+(n-1)(n-2)a_1x^{n-3}+\cdots+2a_{n-2}$

每求一次导数,多项式的次数就降低一次,以此类推,n 次多项式的 n 阶导数是常数,即

$$p_n{}^{(n)}(x)=n(n-1)\cdots2\cdot1\cdot a_0=n!\ a_0$$

显然

$$p_n^{(n+1)}(x)=p_n^{(n+2)}=\cdots=0$$

即高于 n 阶的导数都等于零.

类似地,我们可推出幂函数 $y=x^\mu$(μ 为任意常数)的 n 阶导数公式,即

$$(x^\mu)^{(n)}=\mu(\mu-1)(\mu-2)\cdots(\mu-n+1)x^{\mu-n}$$

当 $\mu=n$ 时,得

$$(x^n)^{(n)}=n(n-1)(n-2)\cdots3\cdot2\cdot1=n!$$

【例 3-24】 求指数函数 $y=a^x$ 的 n 阶导数.

解 $y'=(\ln a)a^x, y''=(\ln a)^2a^x,\cdots,y^{(n)}=(\ln a)^na^x$

【例 3-25】 求正弦函数 $y=\sin x$ 的 n 阶导数.

解 $y'=\cos x=\sin\left(x+\dfrac{\pi}{2}\right)$;

$y''=\cos\left(x+\dfrac{\pi}{2}\right)=\sin\left(x+2\cdot\dfrac{\pi}{2}\right)$

$y'''=\cos(x+\pi)=\sin\left(x+3\cdot\dfrac{\pi}{2}\right)$

以此类推,得

$$y^{(n)}=\cos\left[x+(n-1)\frac{\pi}{2}\right]=\sin(x+n\cdot\frac{\pi}{2})$$

即

$$(\sin x)^{(n)}=\sin\left(x+\frac{n\pi}{2}\right)$$

用类似的方法,可得

$$(\cos x)^{(n)}=\cos\left(x+\frac{n\pi}{2}\right)$$

【例 3-26】 求对数函数 $y=\ln(1+x)$的 n 阶导数.

解 $y'=\dfrac{1}{1+x},y''=-\dfrac{1}{(1+x)^2},y'''=\dfrac{1\times2}{(1+x)^3},y^{(4)}=-\dfrac{1\times2\times3}{(1+x)^4}$

以此类推,得
$$y^{(n)}=(-1)^{n-1}\frac{(n-1)!}{(1+x)^n}$$

由于我们规定 $0!=1$,所以当 $n=1$ 时等式也成立.

二、二阶导数的物理意义

在物理学上,设一物体作变速直线运动,其运动方程为 $s=s(t)$.则 $s'(t)$是物体运动的瞬时速度,即

$$v(t)=s'(t)=\frac{\mathrm{d}y}{\mathrm{d}x}$$

此时，若速度 v 仍是时间 t 的函数，我们可以求速度 v 对时间 t 的导数，即

$$a=v'(t)=s''(t)=\frac{\mathrm{d}^2 s}{\mathrm{d}t^2}$$

a 就是物体运动的加速度，是速度 $v(t)$ 对时间 t 的变化率. 所以，物体运动的加速度就是位置函数 s 对时间 t 的二阶导数，即

$$a(t)=s''(t)$$

【例3-27】 已知物体的运动方程为 $s=A\cos(\omega t+\varphi)$（其中 A,ω,φ 为常数），求物体运动的加速度.

解 因为 $s=A\cos(\omega t+\varphi)$，所以

$$v=s'=-A\omega\sin(\omega t+\varphi)$$
$$a=s''=-A\omega^2\cos(\omega t+\varphi)$$

习题 3-3

1. 求下列函数的二阶导数 $\frac{\mathrm{d}^2 y}{\mathrm{d}x^2}$

(1) $y=x^5+2x^3+x^2+\sin\frac{\pi}{3}$；　　(2) $y=(x+3)^4$；

(3) $y=\mathrm{e}^x+\ln x$；　　(4) $y=\sin ax+\cos bx$；

(5) $y=\ln(1-x^2)$；　　(6) $y=x\mathrm{e}^x$；

(7) $y=(1+x^2)\arctan x$；　　(8) $y=\ln(x+\sqrt{1+x^2})$.

2. 求下列函数的 n 阶导数

(1) $y=\frac{1-x}{1+x}$；　　(2) $y=x\ln x$；

(3) $y=x\mathrm{e}^{2x}$；　　(4) $y=\cos x$.

3. 设质点作直线运动，其运动方程为

(1) $s=t+\frac{1}{t}$，在 $t=3$；　　(2) $s=\frac{2}{9}\sin\frac{\pi t}{2}+3$，在 $t=1$.

试求该质点在给定时刻的速度和加速度.

第4节　微分及其应用

微分的概念与导数的概念有着密切的联系，是微分学中的一个重要的概念，它是微分学转向积分学的枢纽.

一、微分的定义

我们先看以下的例子：

一个正方形金属片，受冷热影响，它的边长由 x_0 变到 $x_0+\Delta x$，如图 3-6 所示，问它的面积改变了多少？

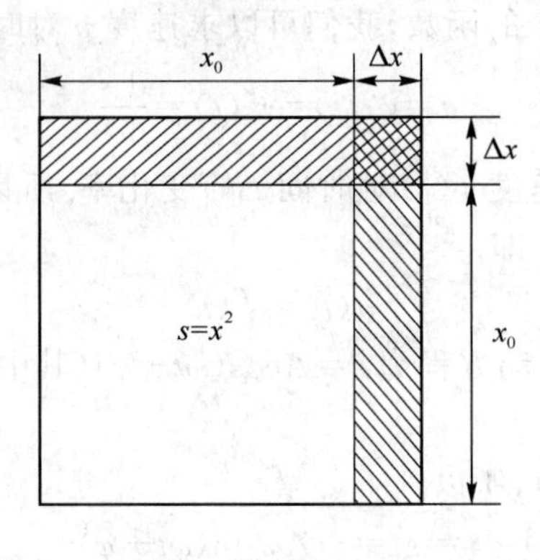

图 3-6

设正方形的边长为 x，面积为 s，则 $s=x^2$，当自变量 x 从 x_0 取得增量 Δx 时，函数 s 的相应增量 Δs，即

$$\Delta s=(x_0+\Delta x)^2-x_0^2=2x_0\Delta x+(\Delta x)^2$$

从上式可以看出，Δs 由两部分组成，一部分为 $2x_0\Delta x$，它是 Δx 的线性函数，即图中带有斜线的两个矩形面积之和，另一部分为 $(\Delta x)^2$，在图中是带有交叉部分的小正方形的面积，当 $\Delta x\to 0$ 时，$(\Delta x)^2$ 是比 Δx 高阶的无穷小. 即 $(\Delta x)^2=o(\Delta x)(\Delta x\to 0)$. 因此，当 $|\Delta x|$ 很小时，若要取面积的改变量 Δs 的近似值时，显然 $2x_0\Delta x$ 是 Δs 的一个近似值. 我们称 $2x_0\Delta x$ 为面积函数 $s=x^2$ 在 $x=x_0$ 时的微分. 由此我们得出以下函数微分的定义.

定义 3.2 设函数 $y=f(x)$ 在点 x_0 处可导，则称

$$f'(x_0)\mathrm{d}x$$

为函数 $f(x)$ 在点 x_0 处的微分，记作 $\mathrm{d}y\big|_{x=x_0}$. 即函数 $f(x)$ 在点 x_0 处的微分为

$$\mathrm{d}y\big|_{x=x_0}=f'(x_0)\mathrm{d}x$$

这里规定：$\Delta x=\mathrm{d}x$，即自变量的改变量就是自变量的微分.

一般地，可导函数在任一点处的微分记为 $\mathrm{d}y=f'(x)\mathrm{d}x$

于是

$$\frac{\mathrm{d}y}{\mathrm{d}x}=f'(x)$$

即导数就是函数的微分与自变量微分的商，因此，导数也称微商.

事实上，一元函数的可导与可微是等价的.

【例 3-28】 求函数 $y=x^2$ 在点 $x=1$，$\Delta x=0.1$ 时的改变量及微分.

解 $\Delta y=(x+\Delta x)^2-x^2=2x\Delta x+(\Delta x)^2$

$=2\times 0.1+(0.1)^2=0.21$

$$\mathrm{d}y\Big|_{\substack{\Delta x=0.1\\x=1}}=2x\Big|_{x=1}\times 0.1=0.2$$

显然，$\Delta y\approx \mathrm{d}y$.

应当注意：微分 $\mathrm{d}y$ 与改变量 Δy 是近似的，二者相差一个比 Δx 小很多的量. 微分不仅与自变量有关，还和自变量的改变量 Δx 有关.

【例 3-29】 求函数 $y=x^3, x=2, \Delta x=0.02$ 时的微分.

解 先求出函数 $y=x^3$ 在任一点 x 的微分

$$dy=(x^3)'\Delta x=3x^2\Delta x$$

在求函数在 $x=2, \Delta x=0.02$ 时的微分

$$dy\Big|_{\substack{x=2\\ \Delta x=0.02}}=3x^2\Big|_{\substack{x=2\\ \Delta x=0.02}}=3\cdot 2^2(0.02)=0.24$$

【例 3-30】 已知 $y=\sin(2x+1)$,求 dy.

解 $dy=[\sin(2x+1)]'dx$

$=2\cos(2x+1)dx$

二、微分在近似计算中的应用

在实际应用中,近似计算经常会运用,利用微分可以把一些复杂的计算公式用简单的近似公式来代替,并能达到足够好的精确度.

1. 微分在近似计算中的应用

设函数 $y=f(x)$ 在 x_0 处的导数 $f'(x)\neq 0$,且当 $|\Delta x|$ 很小时,则有

$$\Delta y\approx dy=f'(x)\Delta x \tag{3.5}$$

这个式子也可写为

$$\Delta y=f(x_0+\Delta x)-f(x_0)\approx f'(x_0)\Delta x$$

于是

$$f(x_0+\Delta x)\approx f(x_0)+f'(x_0)\Delta x \tag{3.6}$$

在式(3.6)中,令 $x=x_0+\Delta x, \Delta x=x-x_0$,则有

$$y=f(x)\approx f(x_0)+f'(x_0)(x-x_0) \tag{3.7}$$

如果 $f(x_0)$ 与 $f'(x_0)$ 都容易计算,那么就可以利用式(3.5)来近似计算 Δy,利用式(3.6)来近似计算 $f(x_0+\Delta x)$,或利用式(3.7)来近似计算 $f(x)$. 这种近似计算的实质就是用 x 的线性函数 $f(x_0)+f'(x_0)(x-x_0)$ 来近似表达函数 $f(x)$.

做近似计算时要注意以下两点:①选取适当的函数 $f(x)$;②选取的 x_0 和 Δx,要使得 $f(x_0)$ 与 $f'(x_0)$ 的值容易计算,且 Δx 的值尽可能地小.

【例 3-31】 求 $\cos 46°$ 的近似值.

解 设 $f(x)=\cos x$,取 $x_0=\frac{\pi}{4}, \Delta x=\frac{\pi}{180}$, 则 $f\left(\frac{\pi}{4}\right)=\cos\frac{\pi}{4}=\frac{\sqrt{2}}{2}$

因为 $f'(x)=(\cos x)'=-\sin x, f'\left(\frac{\pi}{4}\right)=-\sin\frac{\pi}{4}=-\frac{\sqrt{2}}{2}$. 所以

$$\cos 46°=\cos\left(\frac{\pi}{4}+\frac{\pi}{180}\right)\approx f\left(\frac{\pi}{4}\right)+f'\left(\frac{\pi}{4}\right)\Delta x$$

$$=\frac{\sqrt{2}}{2}-\frac{\sqrt{2}}{2}\times\frac{\pi}{180}\approx 0.694\,76$$

2. 几个常用的近似公式

在式(3.7)中取 $x_0=0$,当 $|x|$ 很小时,有

$$f(x)\approx f(0)+f'(0)x \tag{3.8}$$

利用式(3.8)可以得到以下几个常用公式(假设$|x|$是较小的数值)

(1) $\sqrt[n]{1+x}\approx 1+\frac{1}{n}x$； (2) $\sin x\approx x$ (x 用弧度)；

(3) $\tan x\approx x$ (x 用弧度)； (4) $e^x\approx 1+x$； (5) $\ln(1+x)\approx x$.

【例 3-32】 计算 $\sqrt{1.05}$，$\sqrt{26}$的近似值.

解 把$\sqrt{1.05}$看成函数 $f(x)=\sqrt{1+x}$在 $x=0.05$ 时的函数值，可用公式(3.5)得

$$\sqrt{1.05}\approx 1+\frac{1}{2}\times 0.05=1.025$$

用计算器直接开方，得 $\sqrt{1.05}=1.024\ 70$.

把$\sqrt{26}$看成函数 $f(x)=\sqrt{1+x}$在 $x=25$ 时的函数值，$x=25$ 是个较大的数，不符合近似计算的条件. 所以不能直接公式(3.5)，将$\sqrt{26}$写成

$\sqrt{26}=\sqrt{25+1}=5\sqrt{1+\frac{1}{25}}=5\sqrt{1+0,04}$. 于是

$$\sqrt{26}=5\sqrt{1+0.04}\approx 5\times\left(1+\frac{1}{2}\times 0.04\right)=5.10$$

习题 3-4

1. 已知 $y=x^3-x$，计算在 $x=2$ 处当 Δx 分别等于 1，0.1，0.01 时的 Δy 及 dy.

2. 求下列函数的微分

(1) $y=\frac{1}{x}+2\sqrt{x}$； (2) $y=x\sin 2x$；

(3) $y=xe^{-x^2}$； (4) $y=\ln^2(1-x)$；

(5) $y=\arctan\frac{1-x^2}{1+x^2}$； (6) $y=\tan^2(1+2x^2)$；

(7) $y=e^x\cos(3-x)$； (8) $y=3^{\ln\cos x}$.

3. 将适当的函数填入下列括号内，使等式成立

(1) d( )$=2dx$； (2) d( )$=3xdx$；

(3) d( )$=\cos x dx$； (4) d( )$=\sin\omega x dx$；

(5) d( )$=e^{-2x}dx$； (6) d( )$=\frac{1}{\sqrt{x}}dx$；

(7) d( )$=\sec^2 3x dx$； (8) d( )$=\frac{x}{\sqrt{1+x^2}}dx$.

4. 利用微分计算函数的近似值：

(1) $\cos 29°$； (2) $\tan 136°$； (3) $\frac{1}{\sqrt{99.9}}$； (4) $e^{1.01}$.

5. 水管壁的正截面是一个圆环，设它的内半径为 R_0，壁厚为 h，试利用微分计算这个圆环面积的近似值.

6. 扩音器插头为圆柱形，截面半径 r 为 0.15 厘米，长度 l 为 4 厘米. 为了提高它的导电

性能，须在这个圆柱的侧面镀上一层厚为 0.001 厘米的纯铜，问约需多少克纯铜？

本章小结

一、基本内容

本章从具体的实际问题导入，分别引入了高等数学中导数和微分两大基本概念，并给出了基本初等函数的导数公式，以及它们的运算法则. 其中函数的四则运算法则和复合函数的求导法则是本章的重要核心. 本章还介绍了高阶导数的概念及计算方法. 最后从近似计算函数改变量的实际问题入手，导入了微分的概念，一元函数的微分与导数之间的关系、微分形式不变性，利用微分导出了近似计算的计算方法及一些实际应用中常用的近似计算公式.

二、基本计算公式及运算法则

(1) 基本初等函数的导数公式；

(2) 函数四则运算的求导法则；

(3) 复合函数的求导法则；

(4) 几个常用的函数的高阶导数公式：

① $(a^x)^{(n)}=a^x(\ln a)^n(a>0)$； ② $(e^x)^{(n)}=e^x$；

③ $(\sin x)^{(n)}=\sin\left(x+\frac{n\pi}{2}\right)$； ④ $(\cos x)^{(n)}=\cos\left(x+\frac{n\pi}{2}\right)$；

⑤ $(x^n)^{(n)}=n(n-1)(n-2)\cdots 3\cdot 2\cdot 1=n!\ (n\in N^+)$；

⑥ $[\ln(1+x)]^{(n)}=(-1)^{n-1}\frac{(n-1)!}{(1+x)^n}$.

通常我们规定 $0!=1$，所以这个公式当 $n=1$ 时也成立.

(5) 近似计算公式：

① $\Delta y\approx dy=f'(x)\Delta x$；

② $f(x_0+\Delta x)\approx f(x_0)+f'(x_0)\Delta x$.

复习题三

1. 填空

(1) 设 $\Delta y=f(x_0+\Delta x)-f(x_0)$，则 $\frac{\Delta y}{\Delta x}$ 表示函数 $y=f(x)$ 在区间 $[x_0, x_0+\Delta x]$ 上________. $f'(x_0)$ 反映函数在 x_0 处的________.

(2) 函数 $f(x)$ 在点 x_0 处可导，则 $\lim\limits_{\Delta x\to 0}\frac{f(x_0+3\Delta x)-f(x_0)}{\Delta x}=$________.

(3) 如果函数在 x 处可导，则 $\lim\limits_{\Delta x\to 0}\frac{f(x-\Delta x)-f(x)}{-\Delta x}=$________.

(4) 函数 $y=f(x)$的导数 $f'(x)$与 $f'(x_0)$的区别是________,联系是________.

(5) 函数 $y=$________的导数等于本身.

(6) 函数 $f(x)$在点 x_0 处连续是函数 $f(x)$在点 x_0 处可导的________,若函数在 x_0 处可导,则它必在 x_0 处________;反之,若函数在 x_0 处连续,则它未必在 x_0 处________.

(7) 设函数 $f(x)=\ln x^3+e^{3x}$,则 $f'(1)=$________.

(8) 当 x 满足________时,曲线 $y=x^2$ 上切线的倾斜角为锐角.

2. 选择

(1) 已知函数 $f(x)=\sin(ax^2)$,则 $f'(a)=$(　　).

(A) $\cos ax^2$　　(B) $2a^2\cos a^3$　　(C) $a^2\cos ax^2$　　(D) $a^2\cos a^3$

(2) 下列函数中(　　)的导数等于$\frac{1}{2}\sin 2x$.

(A) $\frac{1}{2}\sin^2 x$　　(B) $\frac{1}{4}\cos 2x$　　(C) $\frac{1}{2}\cos^2 x$　　(D) $1-\frac{1}{2}\cos 2x$

(3) 设 $y=\sin x+\cos\frac{\pi}{3}$,则 $y'=$(　　).

(A) $\sin x$　　(B) $\cos x$　　(C) $\cos x-\sin\frac{\pi}{3}$　　(D) $\cos x+\cos\frac{\pi}{3}$

(4) 若 $S=a\cos(2\omega t+\varphi)$,那么 $S'=$(　　).

(A) $-a\sin(2\omega t+\varphi)$　　(B) $-2a\omega\sin(2\omega t+\varphi)$

(C) $a\sin(2\omega t+\varphi)$　　(D) $2a\omega\sin(2\omega t+\varphi)$

3. 讨论下列函数在指定点处的连续性与可导性

(1) $f(x)=\begin{cases}\sqrt{x} & 0\leqslant x<1\\ 2x-1 & 1\leqslant x<+\infty\end{cases}$ 在 $x=1$ 处;

(2) $f(x)=\begin{cases}\dfrac{\sqrt{1+x}-1}{x} & x\neq 0\\ \dfrac{1}{2} & x=0\end{cases}$ 在 $x=0$ 处.

4. 设函数 $f(x)=\begin{cases}e^x & x<0\\ a-bx & x\geqslant 0\end{cases}$,在点 $x=0$ 处可导,试确定 a,b 的值.

5. 求下列函数的导数

(1) $y=\dfrac{2x^2-3x+\sqrt{x}-1}{x}$;　　(2) $y=\dfrac{x^2}{1+x^3}$;

(3) $y=\sin 3x\cos 2x$;　　(4) $y=\cos^3 x-\cos 3x$;

(5) $y=\sin^2(\cos 5x)$;　　(6) $y=\sqrt{\tan\frac{x}{2}}$;

(7) $y=\arcsin x^2$;　　(8) $y=\sqrt{t}\arccos\sqrt{t}$;

(9) $y=e^{ax}(\sin bx+\cos bx)$;　　(10) $y=e^{\sin x}$;

(11) $y=\ln\sqrt{\dfrac{1-x}{1+x}}$;　　(12) $y=\frac{1}{2}\ln\tan^2 x+\ln\sin x$;

(13) $y=x^{\frac{1}{x}}(x>0)$；　　(14) $y=\left(\frac{x}{1+x}\right)^x$；

(15) $y=x\sin\left(\ln x-\frac{\pi}{4}\right)$；　　(16) $y=x\arcsin(\ln x)$.

6. 求下列函数的二阶导数$\frac{d^2y}{dx^2}$

(1) $y=x^5\ln x$；　　(2) $y=(x^2+1)\sin x$；

(3) $y=(1+x^2)\arctan x$；　　(4) $y=xe^{x^2}$.

7. 求下列函数的微分

(1) $y=(2x^3-3x^2+3)\left(\sqrt{x}+\frac{1}{x}\right)$；　　(2) $y=\frac{x}{\sqrt{1+x^2}}$；

(3) $y=x^2e^x$；　　(4) $y=\arctan e^x$；

(5) $y=\cos^3 x^2$；　　(6) $y=\arctan\frac{1-x^2}{1+x^2}$.

8. 计算下列函数值的近似值

(1) $\sqrt[3]{1.02}$；　(2) $\cos 31°$；　(3) $\tan 0.998$；　(4) $\arctan 0.002$.

9. 设抛物线 $y=ax^2+bx+c$ 与曲线 $y=e^x$ 在点 $x=0$ 处相交，并在交点处有相同的一阶、二阶导数，试确定 a、b、c 的值.

10. 设扇形的圆心角 $\alpha=60°$，半径 $R=100$ cm，如果 R 不变，圆心角 α 增加了 $30'$，问扇形面积大约增加多少？若不改变 α，要使扇形面积大约增加同样大小，半径 R 需大约增加多少？

自　测　题

一、填空题(每空 3 分，共 30 分)

1. 曲线 $y=x^2$ 在点(1,1)处的切线斜率为________.

2. 已知函数 $f(x)$在点 x_0 处可导，且 $f'(x_0)=2$，$\lim\limits_{h\to 0}\frac{f(x_0+2h)-f(x_0)}{h}=$________.

3. 设 $y=e^{-x}$，则 $y''(0)$等于________.

4. 函数 $f(x)$在点 x_0 连续是其在 x_0 可导的________条件.

5. 在括号内填上适当的函数使等号成立 d(________)$=3x\mathrm{d}x$.

6. 函数 $y=f(u)$，不论 u 是自变量，还是中间变量，它的微分形式同样都是 $\mathrm{d}y=f'(u)\mathrm{d}u$，这种性质称为________.

7. 若函数 $f(x)=a_0x^n+a_1x^{n-1}+\cdots+a_n(a_0\neq 0)$，则$[f(0)]'=$________. $f^{(n)}(0)=$________.

8. 已知运动规律 $s=s(t)$，则 $s'(t)$表示物体在时刻 t 的________，$s''(t)$表示物体在时刻 t 的________.

二、求导数(每个 5 分,共 40 分)

1. 已知 $y=x^2+\cos x-e^2$,求:y';

2. 已知 $y=\frac{1-x^2}{x}$,求:y';

3. 已知 $y=e^x\sin x$ 求:y';

4. 已知 $y=\frac{\ln x}{x}$求:y';

5. 已知 $y=\sqrt{1+e^{2x}}$ 求:y';

6. 已知 $y=x^2\sin\frac{1}{x}$ 求:y';

7. 已知 $y=\sqrt{\sin\sqrt{x}}$ 求:y'.

三、求微分(每题 5 分,共 20 分)

1. $y=\ln(2x^2+1)$求:dy;

2. $y=x^2e^{2x}$求:dy;

3. $y=\cos(x^n)$求:dy;

4. $y=\frac{\sin 2x}{x}$求:dy.

四、求高阶导数(每题 5 分,共 10 分)

1. 已知 $y=3x^2+e^{2x}+\ln x$ 求:y'';

2. 已知 $y=\ln x$,求:$y^{(n)}$.

第4章　导数的应用

第1节　洛必达法则

若当 $x \to x_0(x \to \infty)$ 时两个函数 $f(x)$，$g(x)$ 趋于零或无穷大，则极限 $\lim\limits_{\substack{x \to 0 \\ (x \to \infty)}} \frac{f(x)}{g(x)}$ 可能存在，也可能不存在，通常我们把这类极限问题称未定型，并分别记为 $\frac{0}{0}$ 或 $\frac{\infty}{\infty}$，对于这样的未定型，是不能用极限的运算法则来计算的.

下面我们将介绍一种简便的具有一般性的求未定型极限的方法.

一、$\frac{0}{0}$ 未定型

定理 4.1（洛必达法则Ⅰ）若函数 $f(x)$ 与 $g(x)$ 满足条件：

(1) $\lim\limits_{x \to x_0} f(x)=0$，$\lim\limits_{x \to x_0} g(x)=0$；

(2) $f(x)$ 和 $g(x)$ 在点 x_0 的某个邻域内可导，且 $g'(x) \neq 0$；

(3) $\lim\limits_{x \to x_0} \frac{f'(x)}{g'(x)}=A$（或 ∞）

则

$$\lim_{x \to x_0} \frac{f(x)}{g(x)}=\lim_{x \to x_0} \frac{f'(x)}{g'(x)}=A(\text{或}\infty)$$

【例 4-1】　求 $\lim\limits_{x \to 0} \frac{e^x-1}{x^2-x}$.

解　所给的极限为 $\frac{0}{0}$ 型，利用洛必达法则Ⅰ，有

$$\lim_{x \to 0} \frac{e^x-1}{x^2-x}=\lim_{x \to 0} \frac{e^x}{2x-1}=-1$$

【例 4-2】　求 $\lim\limits_{x \to 0} \frac{\sin ax}{\sin bx}(b \neq 0)$.

解　所给的极限为 $\frac{0}{0}$ 型，利用洛必达法则Ⅰ，有

$$\lim_{x \to 0} \frac{\sin ax}{\sin bx}=\lim_{x \to 0} \frac{a\cos ax}{b\cos bx}=\frac{a}{b}$$

如果 $\frac{f'(x)}{g'(x)}$ 当 $x \to x_0$ 时，未定型仍属 $\frac{0}{0}$ 型，且 $f'(x)$、$g'(x)$ 仍然满足洛必达法则中的条

件，则可继续运用洛必达法则进行计算，直到所求的极限不是未定式，再计算出该函数的极限值. 即

$$\lim_{x \to x_0} \frac{f(x)}{g(x)} = \lim_{x \to x_0} \frac{f'(x)}{g'(x)} = \lim_{x \to x_0} \frac{f''(x)}{g''(x)} = \cdots$$

【例 4-3】 求$\lim\limits_{x \to 0} \frac{1-\cos x}{x^3}$.

解 所给的极限为$\frac{0}{0}$型，利用洛必达法则Ⅰ，有

$$\lim_{x \to 0} \frac{1-\cos x}{x^3} = \lim_{x \to 0} \frac{\sin x}{3x^2}$$

当 $x \to 0$ 时，$\frac{\sin x}{3x^2}$仍是$\frac{0}{0}$型，再用洛必达法则Ⅰ，有

$$\lim_{x \to 0} \frac{1-\cos x}{x^3} = \lim_{x \to 0} \frac{\sin x}{3x^2} = \lim_{x \to 0} \frac{\cos x}{6x} = \infty$$

二、$\frac{\infty}{\infty}$未定型

定理 4.2（洛必达法则Ⅱ）若函数 $f(x)$与 $g(x)$满足条件：

(1) $\lim\limits_{x \to x_0} f(x) = \infty$，$\lim\limits_{x \to x_0} g(x) = \infty$；

(2) $f(x)$和 $g(x)$在点 x_0 的某个邻域内可导，且 $g'(x) \neq 0$；

(3) $\lim\limits_{x \to x_0} \frac{f'(x)}{g'(x)} = A$（或$\infty$）

则

$$\lim_{x \to x_0} \frac{f(x)}{g(x)} = \lim_{x \to x_0} \frac{f'(x)}{g'(x)} = A（或\infty）$$

【例 4-4】 求 $\lim\limits_{x \to 0^+} \frac{\ln \cot x}{\ln x}$.

解 所给的极限为$\frac{\infty}{\infty}$型，利用洛必达法则Ⅱ，有

$$\lim_{x \to 0^+} \frac{\ln \cot x}{\ln x} = \lim_{x \to 0^+} \frac{\frac{1}{\cot x}\left(-\frac{1}{\sin^2 x}\right)}{\frac{1}{x}} = -\lim_{x \to 0^+} \frac{x}{\cos x \sin x}$$

$$= -\lim_{x \to 0^+} \frac{2x}{\sin 2x} = -1$$

【例 4-5】 求 $\lim\limits_{x \to +\infty} \frac{\ln x}{x^n}$ $(n>0)$.

解 所给的极限为$\frac{\infty}{\infty}$型，利用洛必达法则Ⅱ，有

$$\lim_{x \to +\infty} \frac{\ln x}{x^n} = \lim_{x \to +\infty} \frac{\frac{1}{x}}{nx^{n-1}} = \lim_{x \to +\infty} \frac{1}{nx^n} = 0$$

三、其他未定型

除$\frac{0}{0}$或$\frac{\infty}{\infty}$未定型外，还有 $0 \cdot \infty$，$\infty - \infty$，0^0，1^∞，∞^0 等未定型，求这几种未定型极限的基

本方法就是将它们化为$\frac{0}{0}$或$\frac{\infty}{\infty}$型,再使用洛必达法则.

【例 4-6】 求$\lim\limits_{x\to 0^+} x\ln x$.

解　这是$(0\cdot\infty)$型未定式,通过变换可以变为$\frac{\infty}{\infty}$型未定式,即

$$\lim_{x\to 0^+} x\ln x=\lim_{x\to 0^+}\frac{\ln x}{\frac{1}{x}}\left(\frac{\infty}{\infty}\text{型}\right)=\lim_{x\to 0^+}\frac{\frac{1}{x}}{-\frac{1}{x^2}}=\lim_{x\to 0^+}(-x)=0$$

【例 4-7】 求$\lim\limits_{x\to 1}\left(\frac{x}{x-1}-\frac{1}{\ln x}\right)$.

解　这是$(\infty-\infty)$型未定式,通过变换可以变为$\frac{0}{0}$型未定式,即

$$\begin{aligned}\lim_{x\to 1}\left(\frac{x}{x-1}-\frac{1}{\ln x}\right)&=\lim_{x\to 1}\frac{x\ln x-(x-1)}{(x-1)\ln x}\left(\frac{0}{0}\right)\\&=\lim_{x\to 1}\frac{\ln x}{\ln x+\frac{x-1}{x}}\left(\frac{0}{0}\right)\\&=\lim_{x\to 1}\frac{\frac{1}{x}}{\frac{1}{x}+\frac{1}{x^2}}=\frac{1}{2}\end{aligned}$$

习题 4-1

1. 洛必达法则求下列极限

(1) $\lim\limits_{x\to 0}\frac{\ln(1+x)}{x}$;

(2) $\lim\limits_{x\to 0}\frac{e^x-e^{-x}}{x}$;

(3) $\lim\limits_{x\to a}\frac{\sin x-\sin a}{x-a}$;

(4) $\lim\limits_{x\to \pi}\frac{\sin 3x}{\tan 5x}$;

(5) $\lim\limits_{x\to 1}\frac{\ln x}{x-1}$;

(6) $\lim\limits_{x\to \frac{\pi}{2}^+}\frac{\ln\left(x-\frac{\pi}{2}\right)}{\tan x}$;

(7) $\lim\limits_{x\to \frac{\pi}{2}}\frac{\ln\sin x}{(\pi-2x)^2}$;

(8) $\lim\limits_{x\to a}\frac{x^m-a^m}{x^n-a^n}$;

(9) $\lim\limits_{x\to +\infty}\frac{\ln(1+\frac{1}{x})}{\operatorname{arccot} x}$;

(10) $\lim\limits_{x\to +\infty}\frac{e^x+e^{-x}}{e^x-e^{-x}}$;

(11) $\lim\limits_{x\to 0} x\cot 2x$;

(12) $\lim\limits_{x\to 0} x^2 e^{\frac{1}{x^2}}$;

(13) $\lim\limits_{x\to 1}\left(\frac{2}{x^2-1}-\frac{1}{x-1}\right)$;

(14) $\lim\limits_{x\to 0}\left(\frac{1}{x}-\frac{1}{e^x-1}\right)$.

2. 函数 $f(x)=\frac{1-\cos x}{1+\cos x}$

(1) $\lim\limits_{x \to 0} f(x)$是否存在？其极限值为何？

(2) 否由洛必达法则求上述极限，为什么？

第2节　函数的单调性和极值

一、利用导数判定函数的单调性

在第1章里，我们介绍利用导数来判别函数单调性的方法.

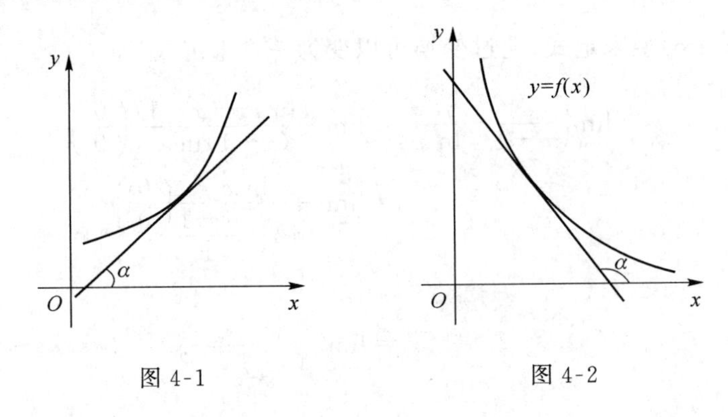

图4-1　　图4-2

定理4.3　设函数$y=f(x)$在$[a,b]$上连续，在(a,b)内可导

(1) 如果在(a,b)内，$f'(x)>0$，那么函数$y=f(x)$在$[a,b]$上单调增加；

(2) 如果在(a,b)内，$f'(x)<0$，那么函数$y=f(x)$在$[a,b]$上单调减少.

【例4-8】　确定函数$y=x-\sin x$在$[0,2\pi]$内的单调性.

解　因为，函数$y=x-\sin x$在$[0,2\pi]$内

$$y'=1-\cos x>0$$

所以，函数$y=x-\sin x$在$[0,2\pi]$内单调增加.

【例4-9】　判断函数$y=e^x-x$的单调性.

解　因为，函数$y=e^x-x$的定义域为$(-\infty,+\infty)$，且

$$y'=e^x-1$$

令　$y'=0$得　$x=0$，

因为，函数$y=e^x-x$在$(-\infty,0)$内，$y'=e^x-1<0$，

所以，函数$y=e^x-x$在$(-\infty,0)$内单调递减；

在$(0,+\infty)$内，$y'=e^x-1>0$，

所以，函数$y=e^x-x$在$(0,+\infty)$内函数单调递增.

由本例看到点$x=0$是函数单调递减区间与单调递增区间的分界点，且在该点处$y'=0$，对于可导函数来说，它的单调区间的分界点的导数值一定为零，但导数值为零的点不一定是单调区间的分界点.

例如$y=x^3$在$(-\infty,+\infty)$内单调增加，而$y'=3x^2$，当$x=0$时，$y'=0$，显然，除了点$x=0$使$y'=0$外，在其余各点处均有$y'>0$.

因此,函数 $y=x^3$ 在整个定义域$(-\infty,+\infty)$内是单调增加的,在 $x=0$ 处曲线有一水平切线,函数的图形如图 4-3 所示.

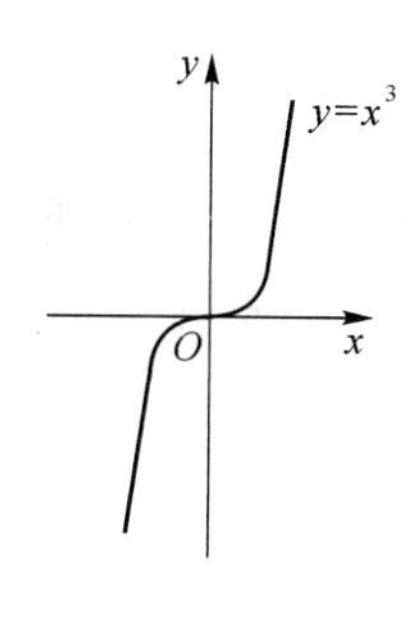

图 4-3

显然 $x=0$ 不是单调区间的分界点.

所以,要确定可导函数 $f(x)$的单调区间,应先求出满足方程 $f'(x)=0$ 的一切 x 值,再检验函数在每个区间上的单调性.

【例 4-10】 确定函数 $f(x)=2x^3-9x^2+12x-3$ 的单调区间.

解　函数的定义域为$(-\infty,+\infty)$

$$f'(x)=6x^2-18x+12=6(x-1)(x-2)$$

令 $f'(x)=0$,解得 $x_1=1,x_2=2$

这两个根把函数的定义域$(-\infty,+\infty)$分成三个部分$(-\infty,1)$,$(1,2)$,$(2,+\infty)$,如表 4-1所示.

表 4-1

x	$(-\infty,1)$	1	$(1,2)$	2	$(2,+\infty)$
$f'(x)$	+	0	−	0	+
$f(x)$	增	2	减	1	增

所以,函数 $f(x)$在区间$(-\infty,1]$,$[2,+\infty)$内单调递增,在区间$[1,2]$内单调递减. 函数图像如图 4-4 所示.

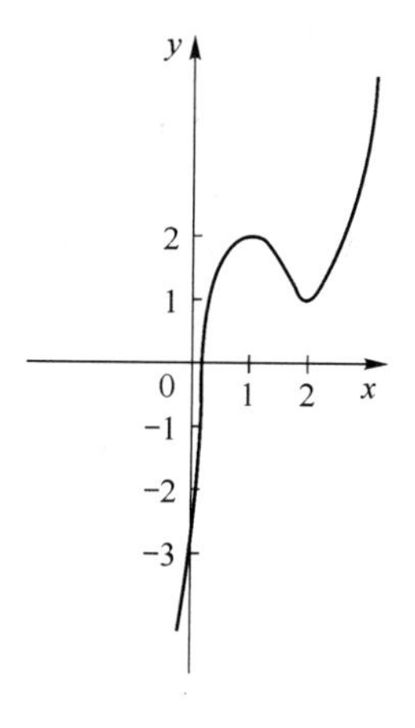

图 4-4

【例 4-11】 确定函数 $y=\sqrt[3]{x^2}$ 的单调区间.

解 函数的定义域为$(-\infty,+\infty)$

$$f'(x)=\frac{2}{3\sqrt[3]{x}} \quad (x\neq 0)$$

显然,当 $x=0$ 时,函数的导数不存在,点 $x=0$ 把$(-\infty,+\infty)$分成两个部分$(-\infty,0]$,$[0,+\infty)$,因为,在$(-\infty,0)$内,$y'<0$,所以,函数 $y=\sqrt[3]{x^2}$ 在$(-\infty,0]$上单调减少,因为,在$(0,+\infty)$内,$y'>0$,所以,函数 $y=\sqrt[3]{x^2}$ 在$[0,+\infty)$上单调增加. 函数的图形如图 4-5 所示.

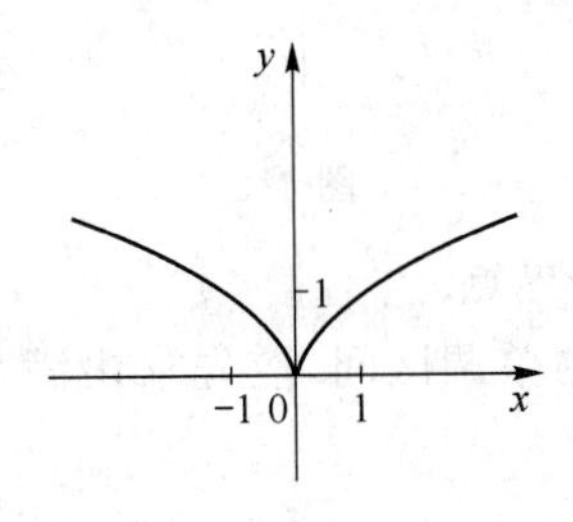

图 4-5

由本例可知,连续函数的导数不存在的点,也可能是函数单调区间的分界点.

综上所述,确定某个函数 $y=f(x)$的单调性的一般步骤如下:

(1) 确定函数 $y=f(x)$的定义域;

(2) 求出使 $f'(x)=0$ 和 $f'(x)$不存在的点,并以这些点为分界点,将定义域分为若干个子区间;

(3) 确定 $f'(x)$在各个子区间内的符号,从而判定出函数 $y=f(x)$在每个子区间内的单调性.

二、函数的极值

定义 4.1 设函数 $y=f(x)$在点 x_0 的某个邻域内有定义:

(1) 如果对于该邻域内任意的 $x(x\neq x_0)$,总有 $f(x)<f(x_0)$成立,则称 $f(x_0)$为函数 $f(x)$的一个极大值,相应的点 x_0 称为 $f(x)$的一个极大值点;

(2) 如果对于该邻域内任意的 $x(x\neq x_0)$,总有 $f(x)>f(x_0)$成立,则称 $f(x_0)$为函数 $f(x)$的一个极小值,相应的点 x_0 称为 $f(x)$的一个极小值点.

函数的极大值与极小值统称为函数的极值,极大值点与极小值点统称为函数的极值点. 例如,例 4-10 中的函数

$$f(x)=2x^3-9x^2+12x-3$$

有极大值 $f(1)=2$ 和极小值 $f(2)=1$,点 $x=1$ 和 $x=2$ 是函数 $f(x)$的极值点.

应当注意:(1) 函数的极值概念是局部性概念,极大值与极小值是仅就某点的邻域来考查的;不意味着它在整个定义区间内为最大或最小;

(2) 函数在一个区间上可能有几个极大值和几个极小值,对整个区间来说,同一个函数的极小值可能大于它的极大值,如图 4-6 所示. 极小值 $f(x_4)$大于极大值 $f(x_1)$;

(3) 在函数取得极值处(不可导点 $x=x_4$ 除外). 曲线上的切线是水平的,但曲线上有水平切

线的地方，函数不一定取得极值. 如图 4-5 中 $x=x_5$ 点处，曲线有水平切线，但 $f(x_5)$不是极值.

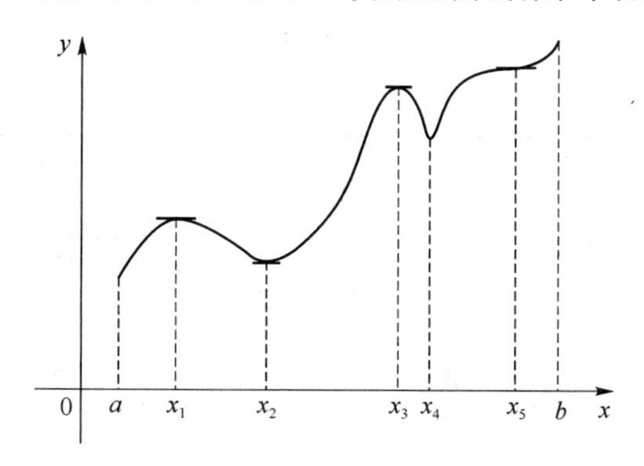

图 4-6

如何判断函数的极值，下面我们给出求函数极值的必要条件和充分条件.

定理 4.4(极值存在的必要条件) 设函数 $y=f(x)$在点 x_0 处可导，且在点 x_0 处取得极值，那么 $f'(x_0)=0$.

使导数为零的点(即方程 $f'(x)=0$ 的实根)称函数 $f(x)$的驻点. 可导函数的极值点必定是 $f(x)$的驻点. 但反过来，函数的驻点却不一定是极值点. 例如 $x=0$ 是函数 $f(x)=x^3$ 的驻点，但却不是极值点. 因此，当我们求出了函数的驻点后，还需判定求得的驻点是不是极值点，如果是的话，还需判定函数在该点取得的是极大值还是极小值.

定理是函数存在极值的必要条件，是对可导函数而言的，但某些连续函数的导数不存在的点也可能取到极值，我们称这类点为**尖点**. 如图 4-7 所示，函数 $f(x)=|x|$ 在点 $x=0$ 处的导数 $f'(0)$不存在，但 $x=0$ 是它的极小值点.

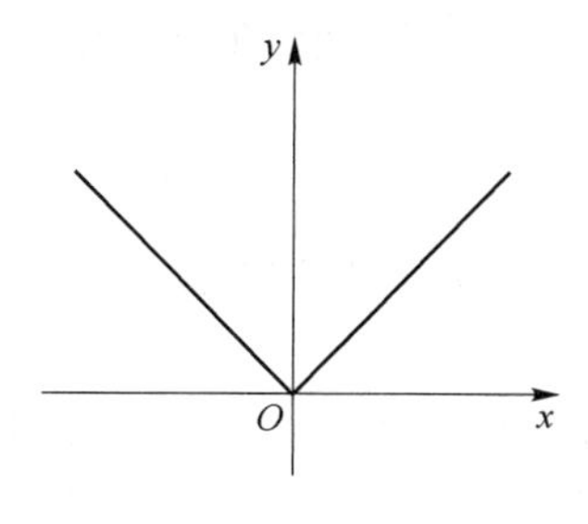

图 4-7

由此可知，连续函数的可能极值点只能是其驻点或尖点. 既然函数的驻点不一定是它的极值点，那么如何求出函数的极值点，我们给出下面的定理来解决这个问题.

定理 4.5(极值的充分条件) 设函数 $f(x)$在点 x_0 处连续，在点 x_0 的附近(不含 x_0)可导，若在 x_0 两侧的导数 $f'(x)$的符号：

(1) 由正变负，则 x_0 是极大值点，$f(x_0)$是极大值；

(2) 由负变正，则 x_0 是极小值点，$f(x_0)$是极小值.

【例 4-12】 求函数 $f(x)=\frac{1}{3}x^3-4x+4$ 的极值.

解　函数 $f(x)=\frac{1}{3}x^3-4x+4$ 的定义域为$(-\infty,+\infty)$

$$f'(x)=x^2-4=(x+2)(x-2)$$

令 $f'(x)=0$,得驻点 $x_1=-2,x_2=2$,如表 4-2 所示.

表 4-2

x	$(-\infty,-2)$	-2	$(-2,2)$	2	$(2,+\infty)$
$f'(x)$	+	0	−	0	+
$f(x)$	增	极大值	减	极小值	增

所以,函数 $f(x)$ 在 $x=-2$ 处取得极大值 $f(-2)=9\frac{1}{3}$,函数 $f(x)$ 在 $x=2$ 处取得极小值 $f(2)=-1\frac{1}{3}$.

【例 4-13】 求函数 $f(x)=x+\frac{4}{x}$ 的极值.

解 函数 $f(x)=x+\frac{4}{x}$ 的定义域为 $(-\infty,0)\cup(0,+\infty)$

$f'(x)=1-\frac{4}{x^2}$,令 $f'(x)=0$,得驻点 $x=\pm2$,如表 4-3 所示.

表 4-3

x	$(-\infty,-2)$	-2	$(-2,0)$	$(0,2)$	2	$(2,+\infty)$
$f'(x)$	−	0	+	−	0	+
$f(x)$	减	极小值	增	减	极大值	增

所以,函数的极小值 $f(-2)=-4$,极小值 $f(2)=4$.

求函数极值的一般步骤:

(1) 确定函数的定义域;

(2) 求出函数的所有驻点及不可导点,将这些点由小到大排列,把函数的定义域分成若干个小区间;

(3) 判别上述各点两侧小区间内函数的导数 $f'(x)$ 的符号,确定函数的极值点;

(4) 求出各极值点处的函数值,就得到函数 $f(x)$ 在所求区间上的全部极值.

【例 4-14】 求函数 $f(x)=(x^2-1)^3+1$ 的极值.

解 函数 $f(x)=(x^2-1)^3+1$ 的定义域为 $(-\infty,+\infty)$

$$f'(x)=6x\,(x^2-1)^2$$

令 $f'(x)=0$,得 $x_1=-1,x_2=0,x_3=1$.

如表 4-4 所示.

表 4-4

x	$(-\infty,-1)$	-1	$(-1,0)$	0	$(0,1)$	1	$(1,+\infty)$
y'	−	0	−	0	+	0	+
y	减		减	极小值 0	增		增

则函数存在极小值 $f(0)=0$,如图 4-8 所示.

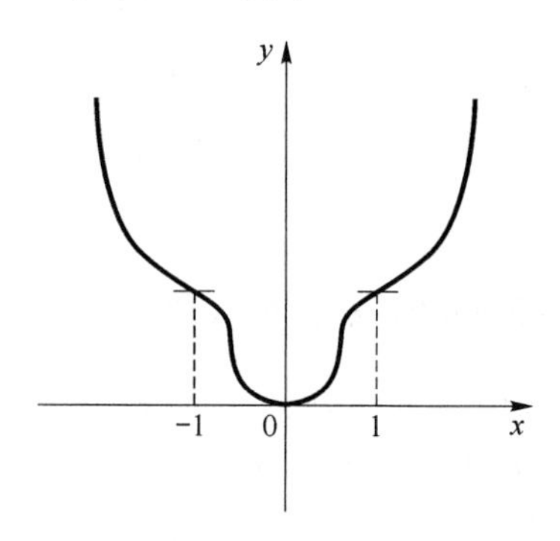

图 4-8

【例 4-15】 求函数 $f(x)=1-(x-2)^{\frac{2}{3}}$ 的极值.

解　函数 $f(x)=1-(x-2)^{\frac{2}{3}}$ 的定义域为$(-\infty,+\infty)$

当 $x\neq 2$ 时,$f'(x)=-\dfrac{2}{3\sqrt[3]{x-2}}$;

当 $x=2$ 时,$f'(x)$不存在;

当 $x<2$ 时,$f'(x)>0$;当 $x>2$ 时,$f'(x)<0$.

因为 $f(x)$在 $x=2$ 处连续,故函数在 $x=2$ 处取得极大值,极大值 $f(2)=1$,函数的图形如图 4-9 所示.

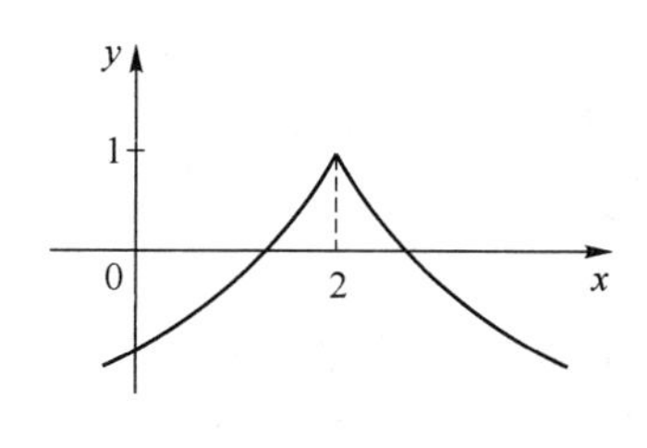

图 4-9

习题 4-2

1. 判定函数 $f(x)=\arctan x-x$ 的单调性.

2. 判定函数 $f(x)=x+\cos x(0\leqslant x\leqslant 2\pi)$的单调性.

3. 求下列各函数的单调区间

(1) $f(x)=2x^3-6x^2-18x-7$;　　(2) $f(x)=2x+\dfrac{8}{x}(x>0)$;

(3) $f(x)=(x^2-4)^2$;　　(4) $f(x)=2x^2-\ln x$;

(5) $f(x)=e^{-x^2}$;　　(6) $y=e^x-x-1$.

4. 求下列函数的极值

(1) $y=x^2-\dfrac{1}{2}x^4$;　　(2) $y=2x^3-6x^2-18x+7$;

(3) $y=x-\ln(1+x)$;

(4) $y=x+\sqrt{1-x}$;

(5) $y=x^2\ln x$;

(6) $y=2e^x+e^{-x}$;

(7) $y=\frac{2x}{1+x^2}$;

(8) $y=2-(x-1)^{\frac{2}{3}}$;

(9) $y=\sin x-2x$;

(10) $y=x+\tan x$.

5. 求函数 $y=\frac{1}{2}-\cos x$ 在区间$[0,2\pi]$上的极值.

6. 求函数 $y=\sin x+\cos x$ 在区间$[0,2\pi]$上的极值.

7. 已知函数 $f(x)=ax^3+bx^2+cx+d$,当 $x=-3$ 时,取得极小值2,当 $x=3$ 时,取得极大值6,试确定 a、b、c、d 的值.

第3节　函数的最大值与最小值

在生产实践和科学实验中,人们经常会遇到如下问题,在什么情况下"效益最高"、"用料最省"、"利润最大"、"成本最低"等,这些问题在数学上可归结为如何求某一函数的最大值或最小值问题.本节我们将在第2节的理论基础上,仅就简单的一元函数最值问题的求法进行讨论.

一、函数解析式的最值

对于在某一闭区间上的连续函数,取得最大值和最小值的情况只可能有这样两种情况:

(1) 函数在这一区间上的极值;

(2) 函数在这一区间上端点的函数值.

因此,函数的最值只可能在驻点、导数不存在的点以及区间的端点取到.因此,在实际应用中,我们只需比较这三种点上的函数值的大小就可以了.如果函数在该区间上是单调函数,只需取其两端点的函数值即可知道该函数的最大值和最小值.

设函数 $y=f(x)$在$[a,b]$上可导,函数 $y=f(x)$在$[a,b]$上最大值和最小值的求法,可归纳如下:

(1) 求出函数 $y=f(x)$在(a,b)内的所有极值,设其极值分别为

$$f(x_1),f(x_2),\cdots,f(x_k)$$

(2) 计算闭区间两个端点的函数值 $f(a)$和 $f(b)$;

(3) 比较 $f(x_1),f(x_2),\cdots,f(x_k),f(a),f(b)$的大小,其中最大的是最大值,最小的是最小值.

【例4-16】 求函数 $f(x)=2x^3+3x^2-12x+14$ 在$[-3,4]$上的最大值和最小值.

解　$f'(x)=6x^2+6x-12=6(x+2)(x-1)$

令 $f'(x)=0$　得驻点　$x_1=-2,x_2=1$

由于 $f(-2)=34,f(1)=7,f(-3)=23,f(4)=142$

比较大小可得 $f(x)$在 $x=4$ 处取得它在$[-3,4]$上的最大值 $f(4)=142$,在 $x=1$ 处取得它在$[-3,4]$上的最小值 $f(1)=7$.

【例 4-17】 求 $f(x)=3^x$ 在闭区间$[-2,6]$上的最大值和最小值.

解　因为　$f'(x)=3^x\ln 3>0$

所以　$f(x)$在$[-2,6]$上是单调递增函数

$$f(-2)=\frac{1}{9},f(6)=729$$

于是,函数的最大值为 729,最小值为$\frac{1}{9}$.

在求函数的最大值或最小值时,如果函数 $f(x)$在定义区间内可导且只有一个驻点 x_0,并且这个驻点 x_0 同时也是函数 $f(x)$的极值点,那么当 $f(x_0)$是极大值时,$f(x_0)$就是 $f(x)$在该区间上的最大值(图 4-10(a));当 $f(x_0)$是极小值时,$f(x_0)$就是 $f(x)$在该区间上的最小值(图 4-10(b)).

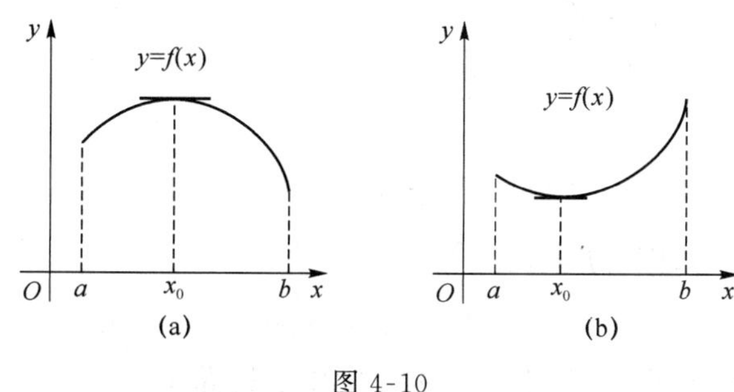

图 4-10

二、实际问题的最值

在实际应用中,往往根据问题的性质就可以判断出可导函数 $f(x)$有最大值或最小值,而且最大值或最小值一定在其定义区间内部取得,如果函数 $f(x)$在定义区间内部可导且只有一个驻点 x_0,那么不必讨论 $f(x_0)$是不是极值,就可以断定 $f(x_0)$是最大值或最小值.

【例 4-18】 欲用长为 6 m 的铝合金料加工一日字形窗框如图 4-11 所示,问它的长和宽分别为多少时,才能使窗户面积最大?最大面积是多少?

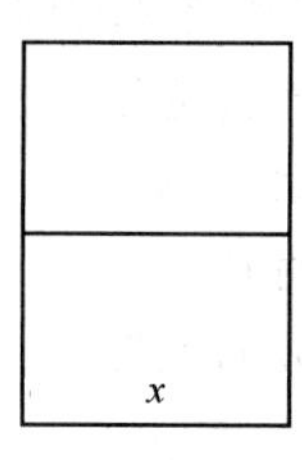

图 4-11

解　设窗框的宽为 x,则长为$\frac{1}{2}(6-3x)$m,则窗户的面积为

$$S(x)=\frac{1}{2}(6-3x)x=-\frac{3}{2}x^2+3x(0<x<2)$$

$$S'(x)=-3x+3$$

令 $S'(x)=0$,求得驻点 $x=1$,所以函数 $S(x)$的最大值在 $x=1$ 处取得.

所以，当窗户的宽为 1 m，长为$\frac{3}{2}$ m 时，窗户的面积最大，最大面积为

$$S(1)=\frac{3}{2}\text{m}^2$$

【例 4-19】 铁路线上 AB 段的距离为 100 公里，工厂 C 距 A 处为 20 公里，AC 垂直于 AB，如图 4-12 所示，为了运输的需要，要在 AB 线上选定一点 D 向工厂修一条公路，已知铁路与公路每公里运费之比为 3∶5，为了使货物从供应站 B 运到工厂 C 的运费最省，问 D 点应选在何处？

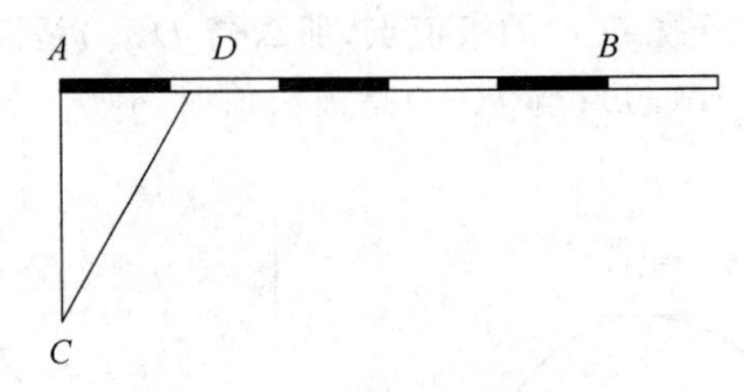

图 4-12

解 设 $AD=x(\text{km})$，则 $DB=100-x$，

$$CD=\sqrt{400+x^2}$$

由于铁路与公路每公里运费之比为 3∶5，所以设铁路上每公里的运费为 $3k$，那么公路上每公里的运费为 $5k$(k 为某个正数).

设由 B 点到 C 点的总运费为 y，那么

$$y=5k\sqrt{400+x^2}+3k(100-x)\quad(0\leqslant x\leqslant 100)$$

现在问题归结为：x 在[0,100]上取何值时，函数 y 的值最小.

因为
$$y'=k\left(\frac{5x}{\sqrt{400+x^2}}-3\right)$$

令 $y'=0$　　　解得　　　$x=\pm 15$

因为 $x\geqslant 0$，所以 $x=15$ 为函数 y 在其定义域内的唯一驻点，所以 y 在 $x=15$(公里)处取得最小值，故 D 点应选在距 A 点为 15 公里处运费最省.

【例 4-20】 要制作一个上、下均有底的圆柱形容器，要求容器容积为定值 V_0，问圆柱的底半径和高应取多少时，才能使所用的材料最省？

解 所谓的材料最省，就是圆柱的表面积最小.

设容器底半径为 r，高为 h，如图 4-13 所示，则

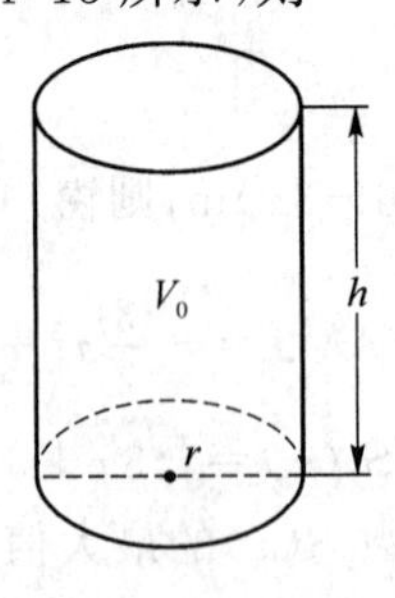

图 4-13

$$h=\frac{V_0}{\pi r^2}$$

所以，圆柱的表面积为

$$S=2\pi r^2+\frac{2V_0}{\pi r}(0<r<+\infty)$$

由实际情况可知，S 在$(0,+\infty)$内一定有最小值.

$$S'=4\pi r-\frac{2V_0}{r^2}$$

令 $S'=0$，则有　$2V_0-4\pi r^3=0$，　所以，$r=\sqrt[3]{\frac{V_0}{2\pi}}$.

此时，$h=2\sqrt[3]{\frac{V_0}{2\pi}}$，即当 $r=\sqrt[3]{\frac{V_0}{2\pi}}$，$h=2\sqrt[3]{\frac{V_0}{2\pi}}$时，函数 S 取得最小值，这时所用的材料最省.

【例 4-21】　由材料力学知道，矩形横梁的强度和它的矩形断面的宽成正比，并和高的平方成正比，现需将直径为 d 的圆木锯成强度最大的矩形横梁，问断面的高和宽应为多少？

解　如图 4-14 所示，设断面的宽为 x，高为 y

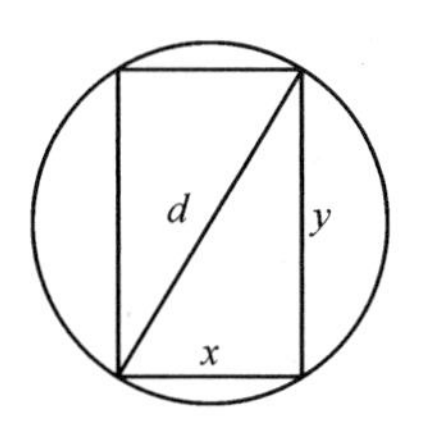

图 4-14

则横梁的强度为

$$f(x)=kxy^2=kx(d^2-x^2)$$

其中 $0<x<d$，k 为比例常数.

因为，$f'(x)=k(d^2-3x^2)$　令 $f'(x)=0$，

得

$$x=\frac{d}{\sqrt{3}}$$

由于在$(0,d)$内函数 $f(x)$只有一个驻点 $x=\frac{d}{\sqrt{3}}$，所以，当宽为 $x=\frac{d}{\sqrt{3}}$，高为 $y=\sqrt{\frac{2}{3}}d$ 时，横梁的强度最大.

习题 4-3

1. 求下列函数在给定区间上的最大值和最小值

(1) $y=2x^3-3x^2$，$x\in[-1,4]$；

(2) $y=x^4-8x^2+2$，$x\in[-1,3]$；

(3) $y=\sqrt{5-4x}$，$x\in[-1,1]$；

(4) $y=\dfrac{x-1}{x+1}, x\in[0,4]$;

(5) $y=\sin 2x-x, x\in\left[-\dfrac{\pi}{2},\dfrac{\pi}{2}\right]$.

2. 函数 $y=\dfrac{x}{x^2+1}$ $(x\geqslant 0)$在何处取得最大值?

3. 函数 $y=x^2-\dfrac{54}{x}$ $(x<0)$在何处取得最小值?

4. 把长为 24 cm 的铁丝剪成两段,一段做成圆形,一段做成正方形,问应如何剪法,才能使圆和正方形面积之和最小?

5. 如图 4-15 所示,已知防空洞的截面是一矩形加半圆,周长为 15 m,问底宽为多少时,截面的面积最大?

6. 从长为 12 cm,宽为 8 cm 的矩形纸板的四个角上各剪去相同的小正方形,折成一无盖的盒子,要使盒子的容积最大,剪去的小正方形边长应为多少?

7. 甲乙两村合用一个变压器,其位置如图 4-16 所示,问变压器设在输电干线何处时,所用的电线最短?

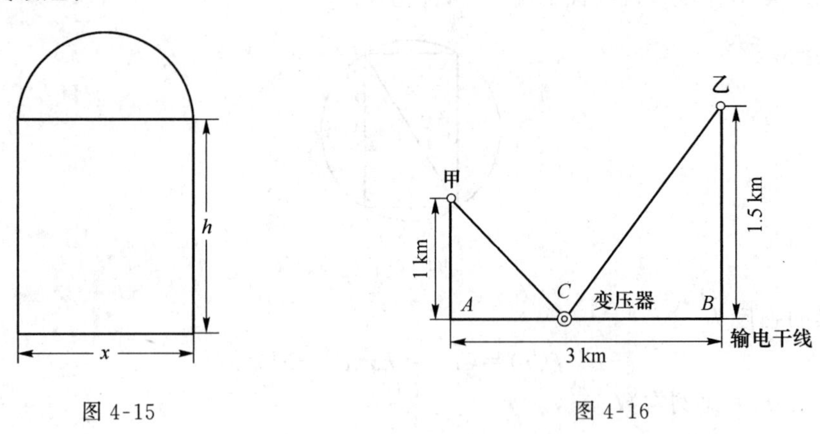

图 4-15　　　　图 4-16

第 4 节　函数图形的凹向与拐点

一、曲线的凹向定义及判别法

如图 4-17 所示,我们可以看出曲线段在弧 AB 段是下凹的,这时曲线位于切线的下方;曲线段在弧 BC 段是上凹的,这时曲线位于切线的上方. 于是,我们得出如下曲线凹向的定义.

定义 4.2　若在某区间(a,b)内,曲线段总位于其上任一点处切线的上方,则称曲线在(a,b)内是上凹的(简称上凹,也称凹的);若曲线段总位于其上任一点处切线的下方,则称曲线在(a,b)内是下凹的(简称下凹,也称凸的).(图 4-18)

定理 4.6　设函数 $y=f(x)$在区间$[a,b]$上连续,在区间(a,b)内具有一阶和二阶导数.

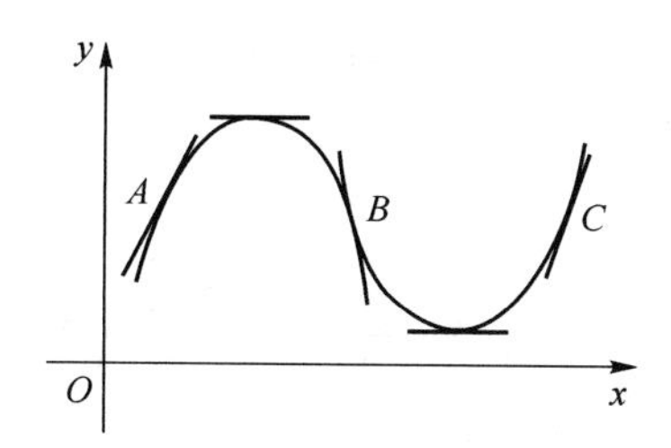

图 4-17

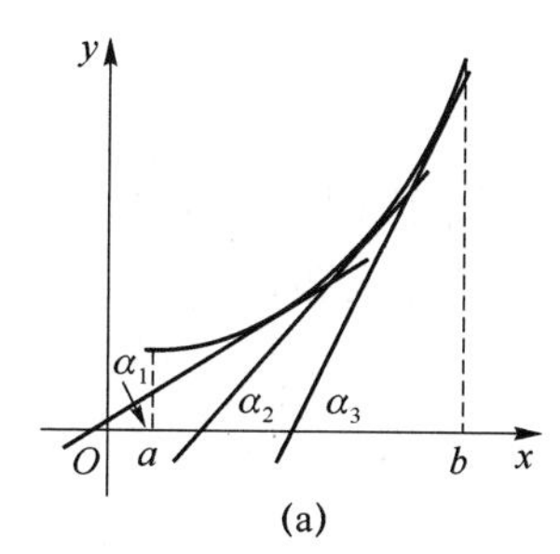

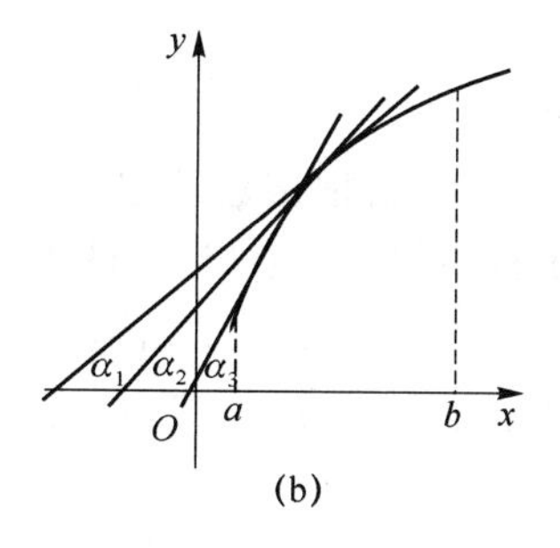

图 4-18

(1) 如果在(a,b)内，$f''(x)>0$，那么曲线 $y=f(x)$在区间(a,b)内是上凹的，简称上凹或凹的；

(2) 如果在(a,b)内，$f''(x)<0$，那么曲线 $y=f(x)$在区间(a,b)内是下凹的，简称下凹或凸的.

若把定理中的区间改为无穷区间，该结论仍然成立.

【例 4-22】 判定曲线 $y=x^3$ 的凹向.

解 函数 $y=x^3$ 的定义域为$(-\infty,+\infty)$

$$y'=3x^2, y''=6x$$

令 $y''=0$，得 $x=0$，它把函数的定义域分成两个区间$(-\infty,0)$、$(0,+\infty)$，

当 $x<0$ 时，$y''<0$，所以，曲线在$(-\infty,0)$内下凹；

当 $x>0$ 时，$y''>0$，所以，曲线在$(0,+\infty)$内上凹.

【例 4-23】 判定曲线 $y=\frac{1}{x}$的凹向.

解 函数 $y=\frac{1}{x}$的定义域为$(-\infty,0)\cup(0,+\infty)$

$$y'=-\frac{1}{x^2}, y''=\frac{2}{x^3}$$

当 $x<0$ 时，$y''<0$，所以，曲线在$(-\infty,0)$内下凹；

当 $x>0$ 时，$y''>0$，所以，曲线在$(0,+\infty)$内上凹.

函数的图像如图 4-19 所示.

【例 4-24】 判定曲线 $y=\arctan x$ 的凹向.

解 函数 $y=\arctan x$ 的定义域为$(-\infty,+\infty)$

$$y'=\frac{1}{1+x^2},\qquad y''=\frac{-2x}{(1+x^2)^2}$$

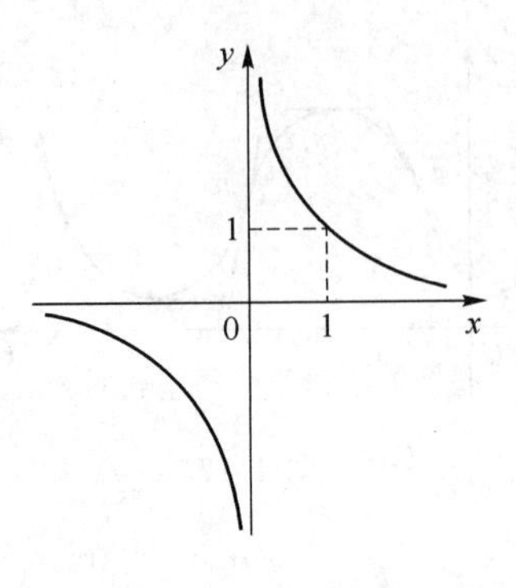

图 4-19

令 $y''=0$,解得 $x=0$,它把函数的定义域分成两个区间$(-\infty,0)$、$(0,+\infty)$.

当 $x\in(-\infty,0)$时,$y''>0$,所以,曲线在$(-\infty,0)$内上凹;

当 $x\in(0,+\infty)$时,$y''<0$,所以,曲线在$(0,+\infty)$内下凹.

这里点(0,0)是曲线由上凹与下凹的分界点.函数的图像如图 4-20 所示.

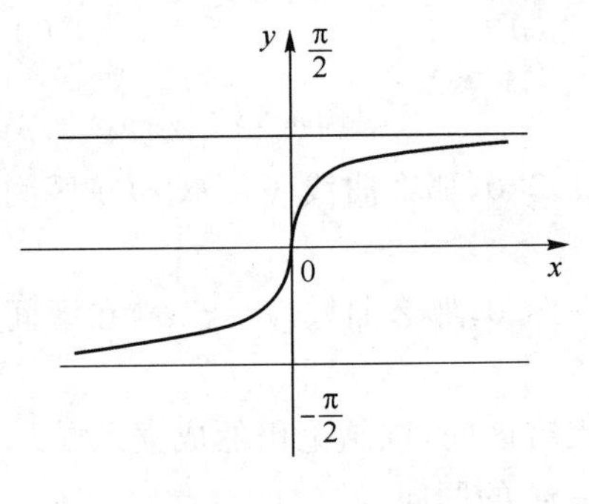

图 4-20

二、曲线拐点的定义及求法

定义 4.3 连续曲线 $y=f(x)$上凹与下凹的分界点,称为曲线 $y=f(x)$的拐点.

如例 4-22 中的(0,0)点与例 4-24 中的(0,0)点都是曲线的拐点.

下面我们来讨论曲线 $y=f(x)$拐点的求法.

我们知道,由 $f''(x)$的符号可以判定曲线的凹向,如果 $f''(x_0)=0$,而 $f''(x)$在 x_0 的左右两侧邻近异号,那么点$(x_0,f(x_0))$就是一个拐点,另外对于 $f''(x)$不存在的点,如果 $f''(x)$在该点左右两侧邻近异号,那么该点也是拐点.因此,曲线拐点的横坐标 x_0,只可能是使 $f''(x_0)=0$ 的点或 $f''(x)$不存在的点,设函数 $y=f(x)$在区间(a,b)内连续,我们可以按下列步骤来求曲线的拐点:

(1) 确定函数 $y=f(x)$的定义域;

(2) 求函数的二阶导数 $f''(x)$;

(3) 令 $f''(x)=0$,解出这个方程在定义域内的所有实根以及 $f''(x)$不存在的点;

(4) 用上述各点按从小到大的顺序将函数的定义域分成几个小区间,对解出的每一个实根 x_i,考查 $f''(x)$在 x_i 左右两侧邻近的符号,如果 $f''(x)$的符号相反,那么点$(x_i,f(x_i))$就是拐点;如果 $f''(x)$的符号相同,那么点$(x_i,f(x_i))$就不是拐点.

【例 4-25】 求曲线 $y=3x^4-x^3+1$ 的凹向区间及拐点.

解 函数 $y=3x^4-x^3+1$ 的定义域为 $(-\infty,+\infty)$

$$y'=12x^3-12x^2$$

$$y''=36x^2-24x=36x\left(x-\frac{2}{3}\right)$$

令 $y''=0$ 解方程得 $x_1=0,x_2=\frac{2}{3}$.

$x_1=0,x_2=\frac{2}{3}$ 把函数的定义域 $(-\infty,+\infty)$ 分成三个小区间,如表 4-5 所示.

表 4-5

x	$(-\infty,0)$	0	$\left(0,\frac{2}{3}\right)$	$\frac{2}{3}$	$\left(\frac{2}{3},+\infty\right)$
y''	+	0	−	0	+
y	∪	拐点	∩	拐点	∪

所以,曲线 $y=3x^4-x^3+1$ 的上凹区间为 $(-\infty,0)$,$\left(\frac{2}{3},+\infty\right)$,下凹区间为 $\left(0,\frac{2}{3}\right)$. 曲线的拐点为 $(0,1)$,$\left(\frac{2}{3},\frac{11}{27}\right)$.

【例 4-26】 判定曲线 $y=(2x-1)^4+1$ 是否有拐点?

解 函数的定义域为 $(-\infty,+\infty)$;

$$y'=8(2x-1)^3,\quad y''=48(2x-1)^2$$

令 $y''=0$,得 $x=\frac{1}{2}$,

因为,当 $x\neq\frac{1}{2}$ 时,都有 $y''>0$,

所以,点 $\left(\frac{1}{2},1\right)$ 不是曲线 $y=(2x-1)^4+1$ 的拐点,该曲线在 $(-\infty,+\infty)$ 上是上凹的,它没有拐点,该函数的图像如图 4-21 所示.

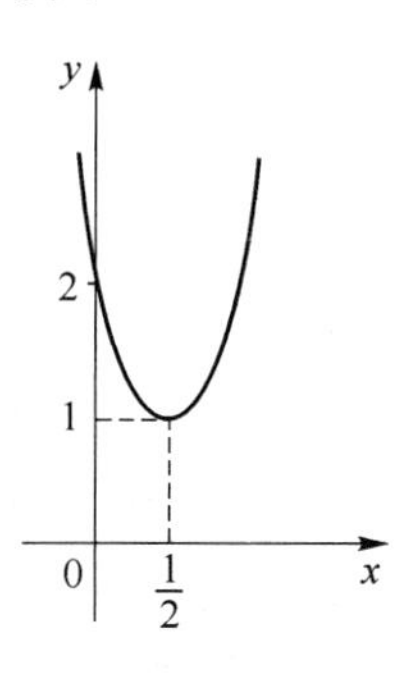

图 4-21

【例 4-27】 求曲线 $y=\sqrt[3]{x}$ 的拐点.

解 函数的定义域为 $(-\infty,+\infty)$,显然该函数在 $(-\infty,+\infty)$ 内连续,

当 $x\neq0$ 时

$$y'=\frac{1}{3\sqrt[3]{x^2}},\quad y''=-\frac{2}{9x\sqrt[3]{x^2}}$$

当 $x=0$ 时，y'，y''都不存在，故函数的二阶导数在$(-\infty,+\infty)$内不连续且不具有零点，即 $x=0$ 是 y''不存在的点，它把函数的定义域分成两部分：$(-\infty,0]$、$[0,+\infty)$.

在$(-\infty,0)$内，有 $y''>0$，所以，该曲线在$(-\infty,0]$上是上凹的；

在$(0,+\infty)$内，有 $y''<0$，所以，该曲线在$[0,+\infty)$上是下凹的.

当 $x=0$ 时，$y=0$，故点$(0,0)$是曲线的一个拐点.

由此例我们可以看出，拐点也可能是连续函数的二阶导数不存在的点.

习题 4-4

1. 判定下列曲线的凹向

(1) $y=4x-x^2$；　　(2) $y=x+\frac{1}{x}\ (x>0)$；

(3) $y=\ln x$；　　(4) $y=x^3-6x^2+x-1$.

2. 求下列曲线的凹凸区间及拐点

(1) $y=2x^3+3x^2+x+2$；　　(2) $y=3x^4-4x^3+1$；

(3) $y=\ln(1+x^2)$；　　(4) $y=e^{-x^2}$.

3. 已知曲线 $y=x^3-ax^2-9x+4$ 在 $x=1$ 处有拐点，试确定系数 a，并求曲线的凹凸区间及拐点.

4. a，b 为何值时，点$(1,3)$为曲线 $y=ax^3-bx^2$ 的拐点？

5. 试确定 a、b、c 的值，使曲线 $y=ax^3+bx^2+cx$ 有拐点$(1,2)$，且在该点处切线的斜率为-1.

本 章 小 结

一、基本概念

本章我们学习了利用导数求未定式极限的洛必达法则，利用导数判定函数的单调性和函数的极值、最值的求法，推导出函数的凹向区间、拐点的判别方法，把抽象的导数问题，从理论上应用于实际之中. 对函数变化的性态有了比较完整的了解，进一步加深了对高等数学的理解. 在本章我们学习了以下基本概念：

洛必达法则、函数的单调性、极值点、尖点、极大值与极小值、函数的最值、函数的上凹与下凹、拐点.

二、基本定理

本章我们学习了以下定理：

（1）洛必达法则；

（2）函数单调性的判定定理；

（3）极值的必要条件，极值的充分条件；

（4）曲线的凹向区间的判定定理，拐点的判别方法.

三、基本方法

1. 用洛必达法则求未定型极限，应注意的问题：

（1）每次使用法则时必须检验是否属于$\frac{0}{0}$或$\frac{\infty}{\infty}$未定型；

（2）若符合条件，可以连续使用洛必达法则；

（3）如何利用洛必达法则对其他未定型求极限.

2. 函数单调性的判别方法

应注意划分函数单调区间的分界点可能有两种点：一种是使 $f'(x)=0$ 的点，另一种是使 $f'(x)$不存在的点.

3. 极值与极值点的求法.

4. 闭区间上连续函数最大值与最小值的求法，实际问题中最大值、最小值的求法.

5. 曲线的凹向区间及拐点的求法.

复习题四

1. 填空

（1）函数 $y=x^3-6x^2+9x$ 的极大值点是________，拐点是________.

（2）当 $x=2$ 时，若函数 $y=x^2-2px+q$ 达到极值，则 $p=$________.

（3）设$(1,-a-14)$是曲线 $y=x^3-ax^2+9x+4$ 的拐点，则 $a=$________.

（4）已知函数 $f(x)$的导函数是单调增加函数，就函数的凹向来说，则曲线 $y=f(x)$是________的.

（5）如果函数 $f(x)$在点 x_0 处可导，且取得极值，则 $f'(x_0)=$________.

（6）已知函数 $y=(x^2-1)^3+4$，那么该函数的极值为________.

（7）函数 $f(x)=x^2\ln x$ 在区间$[1,\mathrm{e}]$上的最大值为________，最小值为________.

（8）对于曲线 $y=f(x)$，若在(a,b)上满足 $f'(x)<0$ 且 $f''(x)>0$，则该曲线在(a,b)内的单调性、凹向性是________.

（9）极限$\lim\limits_{x\to 1}\frac{\ln x}{x-1}$的值为________.

2. 选择题

（1）若曲线 $y=f(x)$在(a,b)内恒有 $f'(x)>0$，那么曲线 $y=f(x)$在(a,b)内（　　）.

（A）递增　　（B）递减　　（C）上凹　　（D）下凹

（2）若函数 $y=x^2-x$，那么该函数在区间$[0,1]$上的最大值是（　　）.

（A）0　　（B）$-\frac{1}{4}$　　（C）$\frac{1}{2}$　　（D）$\frac{1}{4}$

(3) 如果点(1,3)为曲线 $y=ax^3+bx^2$ 的拐点,那么 a、b 的值分别为( ).

(A) $\frac{9}{2}$、$-\frac{3}{2}$　　(B) $-\frac{3}{2}$、$\frac{9}{2}$　　(C) -6、9　　(D) 9、-6

(4) 函数 $y=f(x)$在$[a,b]$上有 $f(a)\cdot f(b)<0$,且恒有 $f'(x)\cdot f''(x)<0$,那么,函数 $y=f(x)$的示意图是( ).

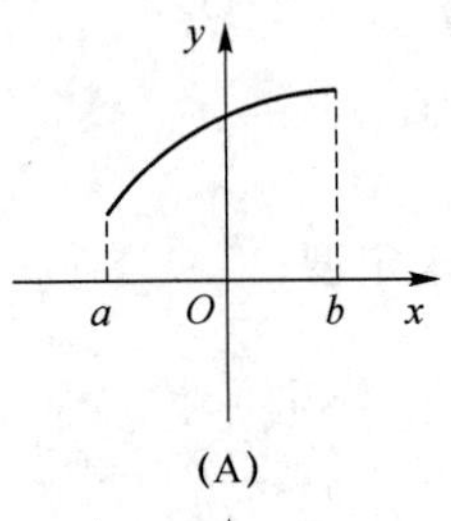

(A)

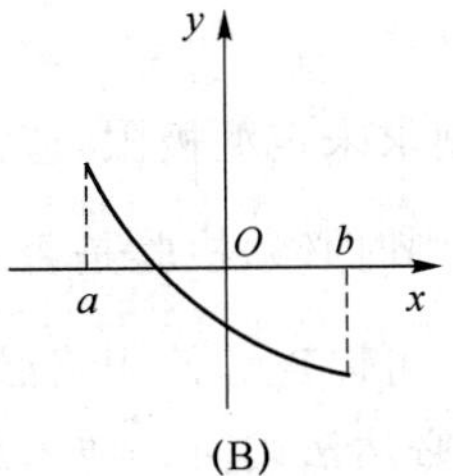

(B)

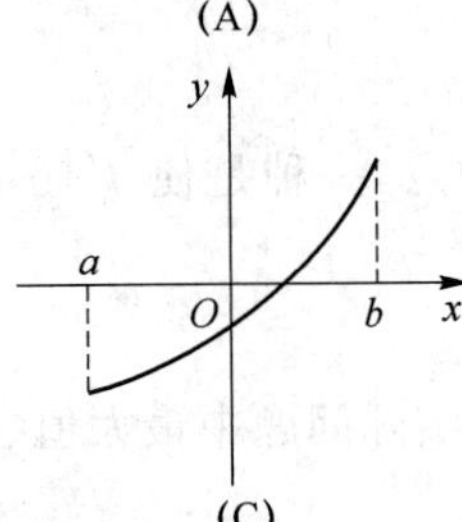

(C)

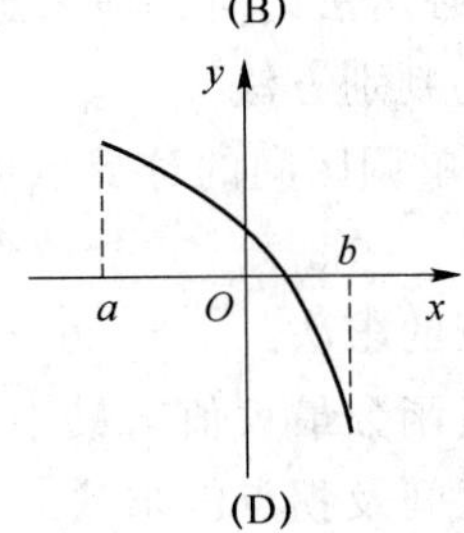

(D)

3. 利用洛必达法则求下列极限

(1) $\lim\limits_{x\to\pi}\frac{1+\cos x}{\tan x}$;　　(2) $\lim\limits_{x\to+\infty}\frac{x+\ln x}{x\ln x}$;

(3) $\lim\limits_{x\to\frac{\pi}{4}}\frac{\sin x-\cos x}{1-\tan^2 x}$;　　(4) $\lim\limits_{x\to1}(1-x)\tan\frac{\pi}{2}x$.

4. 求下列函数的单调区间

(1) $y=x^3-3x^2-9x+14$;　　(2) $y=x-\ln(1+x)$;

(3) $y=x-2\sin x, x\in(0,2\pi)$;　　(4) $y=\arctan x-\frac{1}{2}\ln(1+x^2)$.

5. 求下列函数的极值

(1) $y=2x^3-3x^2$;　　(2) $y=\frac{\ln^2 x}{x}$;

(3) $y=\sqrt{x}+\sqrt{4-x}$;　　(4) $y=3-2(x+1)^{\frac{1}{3}}$.

6. 设函数 $f(x)=a\ln x+bx^2+x$ 在 $x_1=1, x_2=2$ 处都取得极值,试求出 a,b 的值,此时函数在 x_1,x_2 处取得极大值还是极小值.

7. 当 a 为何值时,函数 $f(x)=a\sin x+\frac{1}{3}\sin 3x$ 在 $x=\frac{\pi}{3}$处取得极值? 它是极大值还是极小值? 求出此极值.

8. 求下列函数在给定区间上的最大值和最小值

(1) $y=x^4-8x^2+2, x\in[-1,3]$;　　(2) $y=x^2-4x+6, x\in[-3,10]$;

(3) $y=x+\sqrt{1-x}, x\in[-5,1]$;　　(4) $y=xe^{-x^2}, x\in R$.

9. 欲用围墙围成面积为 216 m² 的一块矩形土地,并在正中间用一堵墙将其隔成两块,问这块土地的长和宽选取多少时，才能使所用的材料最省.

10. 如图 4-22 所示，某矿务局设计自地平面上一点 A 掘一管道至地平面下一点 C，设 AB 长为 600 m，地平面 AB 是粘土，掘进费每米 5 元，地平面下是岩石，掘进费每米 13 元，问怎样掘法，才能使费用最省？最少要用多少钱？

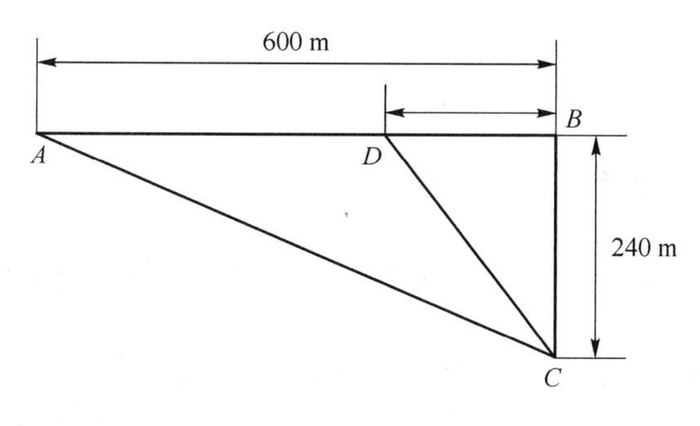

图 4-22

11. 求函数 $y=e^{2x-x^2}$ 的凹向区间与拐点.

自　测　题

一、填空题(每题 4 分，共 20 分)

1. $\lim\limits_{x\to 0}\dfrac{\tan 2x}{\sin 5x}$________.

2. 函数 $f(x)=ax^2+1$ 在区间 $(0,+\infty)$ 内单调增加，则 a 应满足________.

3. 若点 $(1,3)$ 是曲线 $y=ax^3+bx^2$ 的拐点，则 $a=$________，$b=$________.

4. 函数 $f(x)=\dfrac{1}{3}x^3-3x^2+9x$ 在区间 $[0,4]$ 的最大值为________，最小值为________.

5. 已知函数 $y=x^2+2bx+c$ 在 $x=-1$ 处取得极小值 2，则 $b=$________，$c=$________.

二、用洛必达法则求极限(每题 5 分，共 10 分)

1. $\lim\limits_{x\to 0}\dfrac{e^x-e^{-x}-2x}{x-\sin x}$；　　2. $\lim\limits_{x\to 0}\left(\dfrac{1}{x}-\dfrac{1}{e^x-1}\right)$.

三、求下列函数的增减区间(每题 5 分，共 10 分)

1. $y=x^4-2x^3-5$；　　2. $y=2x^2-\ln x$.

四、求下列函数的极值(每 5 分，共 10 分)

1. $y=(1-x)^{\frac{2}{3}}$；

2. $y=x-\ln(1+x)$.

五、求下列函数的凹向区间和拐点(每题 10 分,共 20 分)

1. $y=x^3-5x^2+3x+5$;

2. $y=x^2-\dfrac{x^3}{3}+1$.

六、应用题(每题 10 分,共 30 分)

1. 设有底面为等边三角形的直棱柱,体积为 V. 要使其表面积最小,问底边的长应为多少?

2. 某农场需要围建一个面积为 512 平方米的矩形晒谷场,一条边可用原来的石条沿,其他三边还要砌新的石条沿,晒谷场的长和宽各为多少时,才能使所用的材料最省?

3. 设工厂 A 到铁路距离为 20 km,垂足为 B,铁路线上距离 B 点 100 km 处有一原料供应站 C,现从 BC 间某处 D 向工厂 A 修一条公路,使从 C 运货到 A 运费最省,问 D 应该选在何处?(已知每公里铁路与公路运费比为 3∶5).

第5章　一元函数积分学及其应用

第1节　定积分的概念

一、两个实例

【例 5-1】 曲边梯形的面积

在实际问题中往往要计算各种平面图形的面积,对于多边形和圆形的面积,我们已经知道它们的算法,但对于任意曲线所围成的图形,如何计算它们的面积?

设 $y=f(x)$ 是定义在区间 $[a,b]$ 上的非负连续函数如图 5-1 所示,由曲线 $y=f(x)$ 和三条直线 $x=a$,$x=b$ 及 x 轴所围成的平面图形,称之为曲边梯形.

现在我们来求这个曲边梯形的面积.

一般地,我们采取以下步骤求其面积:

(1) 分割

将区间 $[a,b]$ 任意分成 n 个小区间,其分点是 $x_1,x_2,\cdots,x_n$,即

$$a=x_0<x_1<x_2<\cdots<x_{n-1}<x_n=b$$

每个小区间可表示为 $[x_{i-1},x_i]$ $(i=1,2,\cdots,n)$.

(2) 近似替代

在每个小区间 $[x_{i-1},x_i]$ 上任取一点 ξ_i,并以 $f(\xi_i)$ 代替 $[x_{i-1},x_i]$ 上各点的函数值,如图 5-2所示,那么以小区间长度 Δx_i $(\Delta x_i=x_i-x_{i-1})$ 为底,$f(\xi_i)$ 为高的小矩形面积为

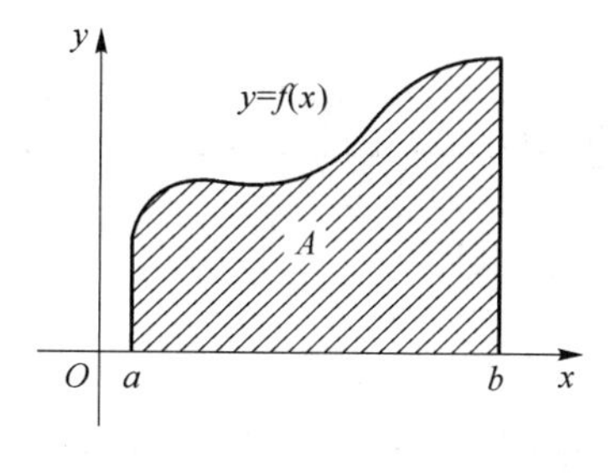

图 5-1

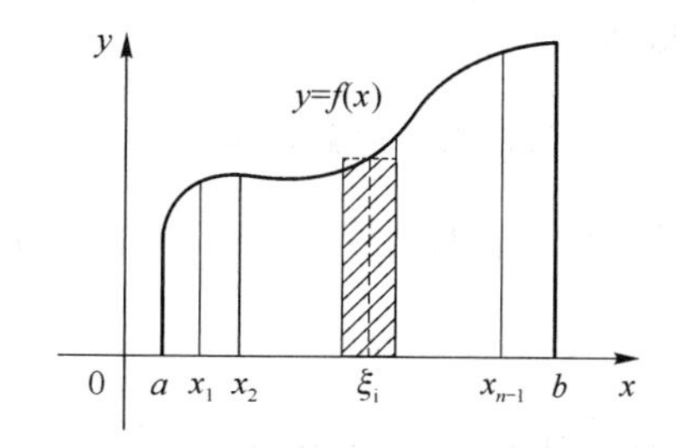

图 5-2

$$\Delta A_i \approx f(\xi_i)\Delta x_i \quad (i=1,2,\cdots,n)$$

(3) 求和

每一个小矩形的面积都可以作为相应的小曲边梯形面积的近似值,所以 n 个小矩形面

积的和就可以看作曲边梯形面积的近似值,即

$$A=\sum_{i=1}^{n}\Delta A_i\approx\sum_{i=1}^{n}f(\xi_i)\Delta x_i$$

(4) 取极限

随着分割的越来越密集,每个小区间的长度都趋近于零,和式$\sum_{i=1}^{n}f(\xi_i)\Delta x_i$的极限就是所求曲边梯形的面积$A$,记$\lambda=\max\{\Delta x_1,\Delta x_2,\cdots,\Delta x_n\}$,当$\lambda\to 0$时,有

$$A=\lim_{\lambda\to 0}\sum_{i=1}^{n}f(\xi_i)\Delta x_i$$

【例 5-2】 变速直线运动的路程问题.

设一物体作直线运动,已知运动速度$v=v(t)$是时间间隔$[a,b]$上的一个连续函数,且$v(t)\geqslant 0$,求物体在这段时间内所经过的路程s.

我们知道,对于匀速直线运动,有$s=vt$,尽管物体在时间$[a,b]$内运动可能不是匀速的,但在很短的一瞬间,运动速度可以近似地看作是匀速的.于是,我们可以仿照引例 5-1 进行如下讨论.

(1) 分割

将时间间隔$[a,b]$任意分成n个小区间,其分点是$t_1,t_2,\cdots,t_n$,即

$$a=t_0<t_1<t_2<\cdots<t_{n-1}<t_n=b$$

每个小区间可表示为$[t_{i-1},t_i](i=1,2,\cdots,n)$,各小段时间长度分别为

$$\Delta t_i=t_{i+1}-t_i\quad(i=1,2,\cdots,n)$$

相应地,在各段时间内物体经过的路程为Δs_i.

(2) 近似替代

以时间t_i的速度$v(t_i)$来代替$[t_{i-1},t_i]$上各时刻的速度,得到Δs_i的近似值,即

$$\Delta s_i\approx v(t_i)\Delta t_i\quad(i=1,2,\cdots,n)$$

(3) 求和

将所有的近似值相加,得到路程s的近似值,即

$$s=\sum_{i=1}^{n}\Delta s_i\approx\sum_{i=1}^{n}v(t_i)\Delta t_i$$

(4) 取极限

当所有小时间区间都无限短,即$\Delta t_i\to 0$,和式$\sum_{i=1}^{n}v(t_i)\Delta t_i$的极限就是所求物体在时间区间$[a,b]$上所经过的路程$s$,记$\lambda=\max\{\Delta t_1,\Delta t_2,\cdots,\Delta t_n\}$,当$\lambda\to 0$时,有

$$s=\lim_{\lambda\to 0}\sum_{i=1}^{n}v(t_i)\Delta t_i$$

以上两个引例,虽然实际意义不同,但解决问题的方法和步骤确是一致的,在大量的实践中有许多问题都可归结为求这种和式的极限.为此,我们抽象概括出函数定积分的概念.

二、定积分的概念

定义 5.1 设函数$f(x)$在区间$[a,b]$上有定义,在a,b之间任意地插入$n-1$个分点:

$$a=x_0<x_1<x_2<\cdots<x_i<\cdots<x_{n-1}<x_n=b$$

将$[a,b]$分成 n 个小区间$[x_{i-1},x_i](i=1,2,\cdots,n)$，记 $\Delta x_i=x_i-x_{i-1}$，$\lambda=\max\limits_{1\leqslant i\leqslant n}\{\Delta x_i\}$，在每个小区间上任取一点 $\xi_i\in[x_{i-1},x_i]$，作和式

$$\sum_{i=1}^{n}f(\xi_i)\Delta x_i$$

当 $\lambda\to 0$ 时，若此极限存在，则称函数 $f(x)$在区间$[a,b]$上是可积的，并称此极限值为函数 $f(x)$在区间$[a,b]$上的定积分，记作 $\int_a^b f(x)\mathrm{d}x$，即

$$\int_a^b f(x)\mathrm{d}x=\lim_{\lambda\to 0}\sum_{i=1}^{n}f(\xi_i)\Delta x_i$$

其中，$f(x)$称为被积函数，x 称为积分变量，$f(x)\mathrm{d}x$ 称为被积表达式，$[a,b]$称为积分区间，a 称为积分下限，b 称为积分上限，"$\int$"称为积分号.

根据定积分的定义，前面的两个例子可表示为：

曲边梯形的面积

$$A=\lim_{\lambda\to 0}\sum_{i=1}^{n}f(\xi_i)\Delta x_i=\int_a^b f(x)\mathrm{d}x$$

变速直线运动的路程

$$s=\lim_{\lambda\to 0}\sum_{i=1}^{n}v(t_i)\Delta t_i=\int_a^b v(t)\mathrm{d}t$$

三、定积分的几何意义

不论定积分所表达量的具体意义是什么，它总可以以面积的形式表达出来.

在区间$[a,b]$上，当被积函数 $f(x)\geqslant 0$ 时，定积分$\int_a^b f(x)\mathrm{d}x$ 可看做是由 $y=f(x)$，$y=0$，$x=a$，$x=b$ 所围成的曲边梯形的面积；而在 $f(x)\leqslant 0$ 时，将$\int_a^b f(x)\mathrm{d}x$ 看做曲边梯形的相反数. 所以，我们得出以下结论：

定积分 $\int_a^b f(x)\mathrm{d}x$ 的几何意义是：

由 $y=f(x)$，$y=0$，$x=a$，$x=b$ 所围成的曲边梯形面积的代数和，如图 5-3 所示.

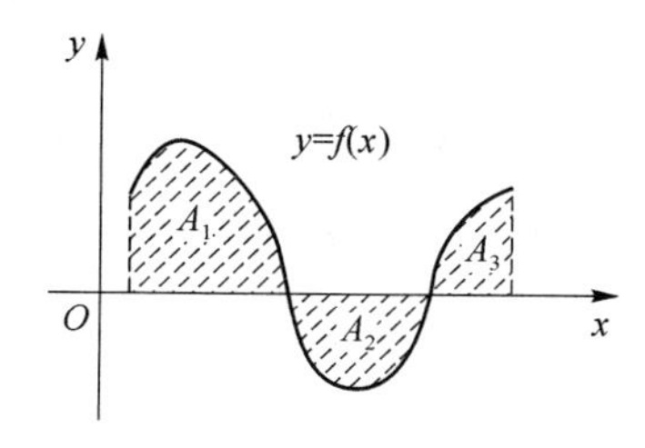

图 5-3

$$\int_a^b f(x)\mathrm{d}x=A_1-A_2+A_3$$

由定积分的定义和几何意义，显然有

当 $a=b$ 时，$\int_a^a f(x)\mathrm{d}x=0$

当 $a>b$ 时，
$$\int_a^b f(x)\mathrm{d}x=-\int_b^a f(x)\mathrm{d}x$$

如果在区间 $[a,b]$ 上，$f(x)\equiv 1$，则 $\int_a^b \mathrm{d}x=b-a$（图 5-4）由定积分的几何意义，还不难得到奇偶函数在对称区间 $[-a,a]$ 上的积分性质，若函数 $f(x)$ 在对称区间 $[-a,a]$ 上连续，则

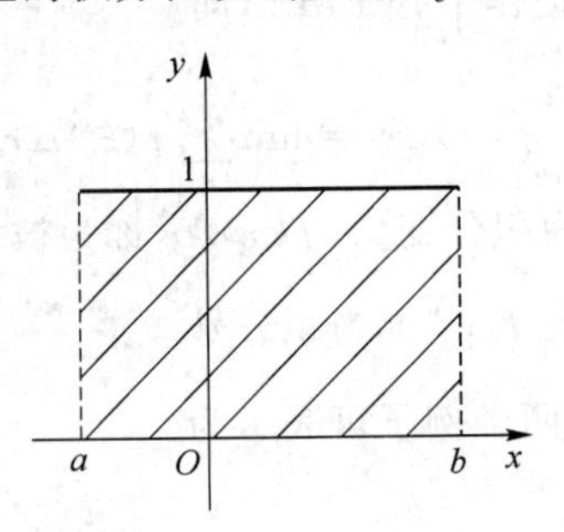

图 5-4

$$\int_{-a}^{a} f(x)\mathrm{d}x=\begin{cases}2\int_0^a f(x)\mathrm{d}x, & \text{当 } f(x) \text{ 为偶函数时}\\ 0, & \text{当 } f(x) \text{ 为奇函数时}\end{cases}$$

（如图 5-5 和图 5-6 所示）

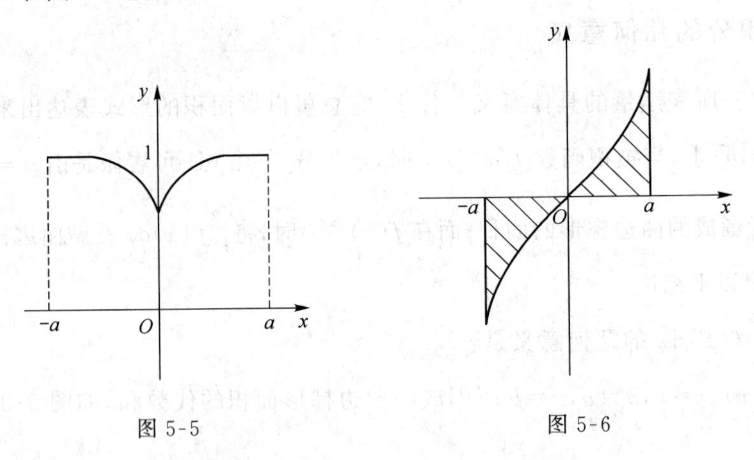

图 5-5　　图 5-6

【例 5-3】 利用定积分的几何意义，指出下列各积分的值

(1) $\int_0^2 x\mathrm{d}x$；　　(2) $\int_{-\pi}^{\pi}\sin x\mathrm{d}x$.

解　(1) 当 $x\in[0,2]$ 时，定积分 $\int_0^2 x\mathrm{d}x$ 表示是由直线 $y=x$，$x=0$，$x=2$ 和 $y=0$ 所围成的三角形的面积，即 $\int_0^2 x\mathrm{d}x=2$；

(2) 当 $x\in[-\pi,0]$ 时，$\sin x\leqslant 0$，当 $x\in[0,\pi]$ 时，$\sin x\geqslant 0$，所以，当 $x\in[-\pi,\pi]$ 时，
$$\int_{-\pi}^{\pi}\sin x\mathrm{d}x=-A+A=0$$

习题 5-1

1. 用定积分表示下列各组曲线围成的图形的面积

(1) $y=x^3, x=1, x=2, y=0$;

(2) $y=\ln x, x=e, y=0$;

(3) $y=\cos x, x=-\frac{\pi}{2}, x=\frac{\pi}{2}, y=0$.

2. 画出下列用定积分表示的曲边梯形面积的图形

(1) $\int_0^2 (x+1)\mathrm{d}x$;　　(2) $\int_0^1 (x^2+1)\mathrm{d}x$;

(3) $\int_0^{\frac{\pi}{2}} (1+\sin x)\mathrm{d}x$;　　(4) $\int_{-1}^1 \mathrm{e}^x \mathrm{d}x$.

3. 一物体以速度 $v=2t+1$ 作直线运动，把该物体在时间$[0,3]$内所经过的路程 S 表示为定积分，说明其几何意义，并利用几何意义求出定积分的值.

第 2 节　不定积分的概念与性质

一、原函数与不定积分的概念

1. 原函数的概念

已知物体的运动方程为 $s=s(t)$，那么，路程函数对时间 t 的导数就是物体的运动速度 $v(t)$. 但在实际问题中，常常会遇到与此相反的问题，即已知物体的运动速度 $v(t)$，求物体的运动路程，即求 $s(t)$. 这样的问题可归结为又一类的数学概念，我们给出如下概念：

定义 5.2　设 $f(x)$是定义在区间 I 上的已知函数，如果存在函数 $F(x)$，使得对于区间 I 上的任一点 x，都有

$$F'(x)=f(x) \text{ 或 } \mathrm{d}F(x)=f(x)\mathrm{d}x$$

则称函数 $F(x)$是 $f(x)$在区间 I 上的一个原函数.

例如，在$(-\infty,+\infty)$上，$(x^2)'=2x$，则 x^2 是 $2x$ 的一个原函数.

又如$(\sin x)'=\cos x$，则 $\sin x$ 是 $\cos x$ 的一个原函数.

显然，$(x^2+1)'=2x$，$(x^2+C)'=2x$（C 为任意常数），即 x^2+1，x^2+C 均为 $2x$ 的原函数.

同理，$\sin x+C$（C 为任意常数）为 $\cos x$ 的原函数.

由上述情况可知，如果一个函数的原函数存在，那么它必有无数多个原函数.

注意：(1) 连续函数一定有原函数；

(2) 若 $F(x)$是 $f(x)$的原函数，则 $f(x)$是 $F(x)$的导函数；反之，也成立；

(3) 如果 $f(x)$有原函数，那么它有无穷多个原函数；

(4) 如果$F(x)$是$f(x)$的一个原函数,那么$f(x)$的所有原函数可以表示为$F(x)+C$.

2. 不定积分

定义 5.3 函数$f(x)$的所有原函数称为$f(x)$的不定积分,记为

$$\int f(x)\mathrm{d}x$$

其中,符号$\int$称为积分号,x称为积分变量,$f(x)$称为被积函数,$f(x)\mathrm{d}x$称为被积表达式.

如果$F(x)$是$f(x)$在区间I上的一个原函数,那么

$$\int f(x)\mathrm{d}x = F(x)+C$$

其中,C是任意常数,称为积分常数.

由不定积分的定义可知

$$\int 2x\mathrm{d}x = x^2 + C,\int \cos x\mathrm{d}x = \sin x + C$$

【例 5-4】 求不定积分$\int \sin x\mathrm{d}x$.

解 由于$(-\cos x)'=\sin x$,所以$-\cos x$是$\sin x$的一个原函数. 因此

$$\int \sin x\mathrm{d}x = -\cos x + C$$

【例 5-5】 求不定积分$\int \frac{1}{1+x^2}\mathrm{d}x$.

解 由于$(\arctan x)'=\frac{1}{1+x^2}$,所以$\arctan x$是$\frac{1}{1+x^2}$的一个原函数. 因此

$$\int \frac{1}{1+x^2}\mathrm{d}x = \arctan x + C$$

二、基本积分公式

因为求不定积分是求导数的逆运算,所以由基本初等函数的导数公式对应地可以得到基本积分公式.

(1) $\int k\mathrm{d}x = kx + C$($k$是常数);

(2) $\int x^\alpha \mathrm{d}x = \frac{1}{1+\alpha}x^{\alpha+1} + C\ (\alpha \neq -1)$;

(3) $\int \frac{1}{x}\mathrm{d}x = \ln|x|+C$;

(4) $\int a^x \mathrm{d}x = \frac{1}{\ln a}a^x + C(a>0,a\neq 1)$;

(5) $\int \mathrm{e}^x \mathrm{d}x = \mathrm{e}^x + C$;

(6) $\int \sin x\mathrm{d}x = -\cos x + C$;

(7) $\int \cos x\mathrm{d}x = \sin x + C$;

(8) $\int \sec^2 x\mathrm{d}x = \tan x + C$；

(9) $\int \csc^2 x\mathrm{d}x = -\cot x + C$；

(10) $\int \sec x\tan x\mathrm{d}x = \sec x + C$；

(11) $\int \csc x\cot x\mathrm{d}x = -\csc x + C$；

(12) $\int \frac{1}{\sqrt{1-x^2}}\mathrm{d}x = \arcsin x + C$；

(13) $\int \frac{1}{1+x^2}\mathrm{d}x = \arctan x + C$.

以上十三个基本积分公式，是求不定积分的基础，必须熟记.

三、不定积分的性质

性质 1(可微性)　不定积分与求导数(或微分)互为逆运算.

$$\frac{\mathrm{d}}{\mathrm{d}x}\left[\int f(x)\mathrm{d}x\right] = f(x), \mathrm{d}\int f(x)\mathrm{d}x = f(x)\mathrm{d}x$$

$$\int F'(x)\mathrm{d}x = F(x) + C, \int \mathrm{d}F(x) = F(x) + C$$

性质 2(数乘性) 不为零的常数因子可以提到积分号外面来，即

$$\int kf(x)\mathrm{d}x = k\int f(x)\mathrm{d}x \quad (k \neq 0 \text{ 为常数})$$

性质 3(可加性)两个函数和与差的不定积分等于不定积分的和与差，即

$$\int [f(x) \pm g(x)]\mathrm{d}x = \int f(x)\mathrm{d}x \pm \int g(x)\mathrm{d}x$$

性质 3 还可以推广到有限个函数的情形，即

$$\int [f_1(x) \pm f_2(x) \pm \cdots \pm f_n(x)]\mathrm{d}x = \int f_1(x)\mathrm{d}x \pm \int f_2(x)\mathrm{d}x \pm \cdots \pm \int f_n(x)\mathrm{d}x$$

利用不定积分的性质和基本公式，可以求一些简单函数的不定积分. 这种方法也称为直接积分法.

【例 5-6】　求不定积分 $\int \frac{\mathrm{d}x}{x^2}$.

解　$\int \frac{\mathrm{d}x}{x^2} = \int x^{-2}\mathrm{d}x = \frac{x^{-2+1}}{-2+1} + C = -\frac{1}{x} + C$

【例 5-7】　求不定积分 $\int \frac{\mathrm{d}x}{x\sqrt{x}}$.

解　$\int \frac{\mathrm{d}x}{x\sqrt{x}} = \int x^{-\frac{3}{2}}\mathrm{d}x = \frac{x^{-\frac{3}{2}+1}}{-\frac{3}{2}+1} + C = -\frac{2}{\sqrt{x}} + C$

上面两个例子表明，被积函数是用分式或根式表示的幂函数，应先把它化为 x^α 的形式，然后应用幂函数的积分公式来求不定积分.

【例 5-8】 求不定积分$\int\left(\frac{1}{x^2}-2x+3\cos x\right)\mathrm{d}x$.

解 $$\int\left(\frac{1}{x^2}-2x+3\cos x\right)\mathrm{d}x=\int\frac{1}{x^2}\mathrm{d}x-2\int x\mathrm{d}x+3\int\cos x\mathrm{d}x$$
$$=-\frac{1}{x}-x^2+3\sin x+C$$

注意:检验积分结果是否正确,只要对结果求导,看它的导数是否等于被积函数.如果相等,则证明结果是正确的,否则结果是错误的.如就例 5-8 的结果来看,由于

$$\left(-\frac{1}{x}-x^2+3\sin x+C\right)'=-\left(\frac{1}{x}\right)'-(x^2)'+3(\sin x)'=\frac{1}{x^2}-2x+3\cos x$$

所以结果是正确的.

【例 5-9】 求不定积分$\int\frac{(x-1)^3}{x^2}\mathrm{d}x$.

解 $$\int\frac{(x-1)^3}{x^2}\mathrm{d}x=\int\frac{x^3-3x^2+3x-1}{x^2}\mathrm{d}x$$
$$=\int(x-3+\frac{3}{x}-x^{-2})\mathrm{d}x$$
$$=\int x\mathrm{d}x-\int 3\mathrm{d}x+3\int\frac{1}{x}\mathrm{d}x-\int x^{-2}\mathrm{d}x$$
$$=\frac{x^2}{2}-3x+3\ln|x|+\frac{1}{x}+C$$

注意:在分项积分后,不必每一个积分都加上 C,只要在总的结果中加一个常数 C 就行了.

【例 5-10】 求不定积分$\int\frac{x^4}{1+x^2}\mathrm{d}x$.

解 $$\int\frac{x^4}{1+x^2}\mathrm{d}x=\int\frac{x^4-1+1}{1+x^2}\mathrm{d}x$$
$$=\int\frac{(x^2-1)(x^2+1)+1}{1+x^2}\mathrm{d}x$$
$$=\int\left(x^2-1+\frac{1}{1+x^2}\right)\mathrm{d}x$$
$$=\frac{x^3}{3}-x+\arctan x+C$$

从例 5-10、例 5-11 可以看出,如果被积函数能够化成若干个函数的和与差,那么先把被积函数化成和与差的形式,然后利用积分的性质逐项求不定积分.例 5-11 采用“加一项,减一项”的办法,以后在积分运算中要经常用到.

【例 5-11】 求不定积分$\int\sin\frac{x}{2}\cos\frac{x}{2}\mathrm{d}x$.

解 $$\int\sin\frac{x}{2}\cos\frac{x}{2}\mathrm{d}x=\frac{1}{2}\int 2\sin\frac{x}{2}\cos\frac{x}{2}\mathrm{d}x=\frac{1}{2}\int\sin x\mathrm{d}x=-\frac{1}{2}\cos x+C$$

【例 5-12】 求不定积分$\int\frac{\cos 2x}{\sin x+\cos x}\mathrm{d}x$.

解 $$\int\frac{\cos 2x}{\sin x+\cos x}\mathrm{d}x=\int\frac{\cos^2 x-\sin^2 x}{\sin x+\cos x}\mathrm{d}x$$

$$= \int (\cos x - \sin x)\mathrm{d}x$$
$$= \sin x + \cos x + C$$

从例 5-11、例 5-12 可以看出，如果被积函数能够化简，要先化简后求积分.

习题 5-2

1. 求下列不定积分

(1) $\int \frac{\mathrm{d}x}{x^2}$；　(2) $\int x\sqrt{x}\,\mathrm{d}x$；

(3) $\int \frac{\mathrm{d}x}{\sqrt{x}}$；　(4) $\int \frac{\mathrm{d}x}{x^2\sqrt{x}}$；

(5) $\int (x^2 - 3x + 2)\mathrm{d}x$；　(6) $\int \frac{10x^3 + 3}{x^4}\mathrm{d}x$；

(7) $\int \frac{(1-x)^2}{\sqrt{x}}\mathrm{d}x$；　(8) $\int \frac{3x^4 + 3x^2 + 1}{x^2 + 1}$；

(9) $\int \frac{x^2}{1 + x^2}\mathrm{d}x$；　(10) $\int \left(2\mathrm{e}^x + \frac{3}{x}\right)\mathrm{d}x$；

(11) $\int \left(\frac{3}{1 + x^2} - \frac{2}{\sqrt{1 - x^2}}\right)\mathrm{d}x$；　(12) $\int \mathrm{e}^x\left(1 - \frac{\mathrm{e}^{-x}}{\sqrt{x}}\right)\mathrm{d}x$；

(13) $\int 3^x \mathrm{e}^x \mathrm{d}x$；　(14) $\int \frac{2 \cdot 3^x - 5 \cdot 2^x}{3^x}\mathrm{d}x$；

(15) $\int \cos^2 \frac{x}{2}\mathrm{d}x$；　(16) $\int \frac{\mathrm{d}x}{1 + \cos 2x}$；

(17) $\int \frac{\cos 2x}{\cos x - \sin x}\mathrm{d}x$；　(18) $\int \frac{\cos 2x}{\cos^2 x \sin^2 x}\mathrm{d}x$.

2. 一曲线通过点$(\mathrm{e}^2, 3)$，且在任一点处的切线的斜率等于该点横坐标的倒数，求该曲线方程.

3. 一物体由静止开始运动，经 t 秒后的速度是 $3t^2$(m/s)，问：

(1) 在 3 s 后物体离开出发点的距离是多少？

(2) 物体走完 360 m 需要多少时间？

第 3 节　微积分基本公式和定积分的性质

一、微积分基本公式

定理 5.1　如果函数 $f(x)$在区间$[a,b]$上连续，$F(x)$是 $f(x)$在区间$[a,b]$上的一个原函数，则

$$\int_a^b f(x)\mathrm{d}x = F(b) - F(a)$$

为了方便起见,常记 $F(b)-F(a)=F(x)\big|_a^b$ 或 $F(b)-F(a)=[F(x)]_a^b$.

这个公式称为牛顿-莱布尼兹公式,也称为微积分基本公式.

【例 5-13】 计算定积分 $\int_2^4 x^2\mathrm{d}x$.

解 根据牛顿-莱布尼兹公式,有

$$\int_2^4 x^2\mathrm{d}x = \frac{1}{3}x^3\bigg|_2^4 = \frac{1}{3}\times 4^3 - \frac{1}{3}\times 2^3 = \frac{56}{3}$$

【例 5-14】 计算定积分 $\int \frac{1}{1+x^2}\mathrm{d}x$.

解 由于 $\arctan x$ 是$\frac{1}{1+x^2}$的一个原函数,根据牛顿-莱布尼兹公式,有

$$\int \frac{1}{1+x^2}\mathrm{d}x = \arctan x\big|_0^1 = \arctan 1 - \arctan 0 = \frac{\pi}{4}$$

【例 5-15】 计算定积分 $\int_0^{\frac{\pi}{2}} \cos x\mathrm{d}x$.

解 $\int_0^{\frac{\pi}{2}} \cos x\mathrm{d}x = \sin x\big|_0^{\frac{\pi}{2}} = 1$

二、定积分的性质

根据定积分的定义及极限的运算法则,我们可以得到如下性质:

性质 1 (数乘的运算性质) 被积函数的常数因子可以提到积分号的外面

$$\int_a^b kf(x)\mathrm{d}x = k\int_a^b f(x)\mathrm{d}x(k\text{ 是常数})$$

性质 2 (和、差运算性质) 函数和与差的定积分等于它们定积分的和与差

$$\int_a^b [f(x)\pm g(x)]\mathrm{d}x = \int_a^b f(x)\mathrm{d}x \pm \int_a^b g(x)\mathrm{d}x$$

性质 3(区间可加性) 如果将积分区间分成两部分,则在整个区间上的定积分等于这两部分区间上定积分之和,即设 $a<c<b$,则

$$\int_a^b f(x)\mathrm{d}x = \int_a^c f(x)\mathrm{d}x + \int_c^b f(x)\mathrm{d}x$$

性质 3 表明定积分对于积分区间是具有可加性的,如图 5-7 所示.

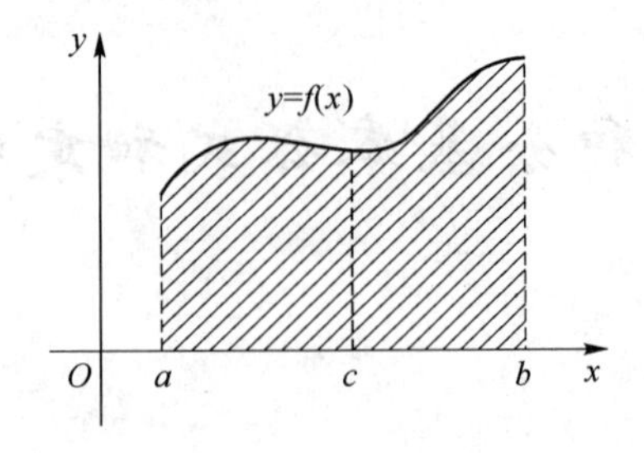

图 5-7

【例 5-16】 计算定积分 $\int_1^2 (2x^2+3x-1)\mathrm{d}x$.

解 $\int_1^2 (2x^2+3x-1)\mathrm{d}x = \frac{2}{3}x^3\Big|_1^2 + \frac{3}{2}x^2\Big|_1^2 - x\Big|_1^2 = \frac{14}{3}+\frac{9}{2}-1=\frac{49}{6}$

【例 5-17】 计算定积分 $\int_0^3 |2-x|\mathrm{d}x$.

解 由于

$$f(x)=|2-x|=\begin{cases}2-x & 0\leqslant x\leqslant 2\\ x-2 & 2<x\leqslant 3\end{cases}$$

所以利用性质 3

$$\begin{aligned}\int_0^3 |2-x|\mathrm{d}x &= \int_0^2 (2-x)\mathrm{d}x+\int_2^3 (x-2)\mathrm{d}x\\ &= \left[2x-\frac{1}{2}\right]_0^2+\left[2x-\frac{1}{2}\right]_2^3=\frac{5}{2}\end{aligned}$$

习题 5-3

求下列定积分

1. $\int_0^1 (2x^2+3x-4)\mathrm{d}x$；

2. $\int_2^3 \left(\sqrt{x}+\frac{1}{\sqrt{x}}\right)\mathrm{d}x$；

3. $\int_0^\pi (\cos x+\sin x)\mathrm{d}x$；

4. $\int_1^2 \left(x+\frac{1}{x}\right)^2\mathrm{d}x$；

5. $\int_1^2 \frac{2x^2+1}{x}\mathrm{d}x$；

6. $\int_1^e \frac{2+\ln x}{x}\mathrm{d}x$；

7. $\int_1^{\sqrt{3}} \frac{1+2x^2}{x^2(1+x^2)}\mathrm{d}x$；

8. $\int_0^3 \mathrm{e}^{\frac{x}{3}}\mathrm{d}x$；

9. $\int_0^1 (\mathrm{e}^x-1)^4\mathrm{e}^x\mathrm{d}x$；

10. $\int \frac{\mathrm{e}^{\frac{1}{x}}}{x^2}\mathrm{d}x$；

11. $\int_0^\pi |\cos x|\mathrm{d}x$；

12. $\int_0^{2\pi} |\sin x|\mathrm{d}x$；

13. $\int_0^{\frac{\pi}{2}} \sin^3 x\mathrm{d}x$；

14. $\int_0^{\frac{\pi}{2}} \frac{1}{\sin^2 x\cos^2 x}\mathrm{d}x$；

15. $\int_0^{\frac{\pi}{2}} \frac{\cos 2x}{\cos x+\sin x}\mathrm{d}x$；

16. $\int_0^{\frac{\pi}{2}} \sin^3 x\cos^2 x\mathrm{d}x$；

17. $\int_{-1}^2 |x|\mathrm{d}x$；

18. 设 $f(x)=\begin{cases}x^2 & -1\leqslant x\leqslant 0\\ x & 0<x<1\end{cases}$，求 $\int_{-\frac{1}{2}}^{\frac{1}{2}} f(x)\mathrm{d}x$.

第4节　换元积分法

一、不定积分的换元积分法

利用直接积分法只能计算部分函数的不定积分，有些不定积分如$\int \sin 2x\mathrm{d}x$，$\int \tan x\mathrm{d}x$等还要用到一些常用的积分方法——换元积分法.所以，有必要研究它的积分方法.

1. 第一类换元积分法

考查不定积分$\int \sin 2x\mathrm{d}x$，被积函数$f(x)=\sin 2x$是x的复合函数，在基本积分公式中没有这种类型的公式，所以不能直接积分.若设$u=2x$，则$\mathrm{d}u=2\mathrm{d}x$，$\mathrm{d}x=\frac{1}{2}\mathrm{d}u$，

于是
$$\int \sin 2x\mathrm{d}x=\frac{1}{2}\int \sin u\mathrm{d}u=-\frac{1}{2}\cos u+C$$

再将$u=2x$代回，则得$\int \sin 2x\mathrm{d}x=-\frac{1}{2}\cos 2x+C$

由以上的例子，我们可以引出如下定理.

定理5.2　设$f(u)$具有原函数$F(u)$，$u=\varphi(x)$可导，那么$F[\varphi(x)]$是$f[\varphi(x)]\varphi'(x)$的原函数，即有换元积分公式

$$\int f[\varphi(x)]\varphi'(x)\mathrm{d}x=\left[\int f(u)\mathrm{d}u\right]_{u=\varphi(x)}=F[\varphi(x)]+C$$

【例5-18】　求不定积分$\int \cos(5x-4)\mathrm{d}x$.

解　设$u=5x-4$，$\mathrm{d}u=\mathrm{d}(5x-4)=5\mathrm{d}x$，

则
$$\int \cos(5x-4)\mathrm{d}x=\int \cos u\cdot\frac{1}{5}\mathrm{d}u=\frac{1}{5}\int \cos u\mathrm{d}u=\frac{1}{5}\sin u+C$$

将$u=5x-4$回代，则$\int \cos(5x-4)\mathrm{d}x=\frac{1}{5}\sin(5x-4)+C$

【例5-19】　求不定积分$\int (11x+3)^5\mathrm{d}x$.

解　设$u=11x+3$，$\mathrm{d}u=\mathrm{d}(11x+3)=11\mathrm{d}x$，

则
$$\begin{aligned}\int (11x+3)^5\mathrm{d}x&=\int u^5\cdot\frac{1}{11}\mathrm{d}u=\frac{1}{11}\int u^5\mathrm{d}u\\&=\frac{1}{11}\cdot\frac{u^6}{6}+C=\frac{1}{66}u^6+C\\&=\frac{1}{66}(11x+3)^6+C\end{aligned}$$

利用第一换元积分法时，要把被积表达式分解出$\varphi'(x)\mathrm{d}x$，并凑成微分$\mathrm{d}\varphi(x)$，因此，这种方法也称为**凑微分法**.

"凑微分法"在积分中用途非常广泛,是很重要的积分方法.凑微分法关键是"凑微分".常用的几种凑微分形式,有

(1) $\mathrm{d}x=\frac{1}{a}(ax+b)\ (a\neq 0)$;

(2) $x\mathrm{d}x=\frac{1}{2a}(ax^2+b)(a\neq 0)$;

(3) $\frac{1}{\sqrt{x}}\mathrm{d}x=2\mathrm{d}\sqrt{x}$;

(4) $\frac{1}{x}\mathrm{d}x=\mathrm{d}\ln x$;

(5) $\frac{1}{x^2}\mathrm{d}x=-\mathrm{d}\left(\frac{1}{x}\right)$;

(6) $\mathrm{e}^x\mathrm{d}x=\mathrm{d}\mathrm{e}^x$;

(7) $\sin x\mathrm{d}x=-\mathrm{d}(\cos x)$;

(8) $\cos x\mathrm{d}x=\mathrm{d}(\sin x)$.

【例 5-20】 求不定积分 $\int\frac{\ln x}{x}\mathrm{d}x$.

解 将 $\frac{1}{x}\mathrm{d}x$ 凑成微分 $\mathrm{d}\ln x$,则

$$\int\frac{\ln x}{x}\mathrm{d}x=\int\ln x\mathrm{d}\ln x=\frac{\ln^2 x}{2}+C$$

【例 5-21】 求不定积分 $\int\frac{\cos 2\sqrt{x}}{\sqrt{x}}\mathrm{d}x$.

解 将 $\frac{1}{\sqrt{x}}\mathrm{d}x$ 凑成微分 $\mathrm{d}(2\sqrt{x})$,则

$$\int\frac{\cos 2\sqrt{x}}{\sqrt{x}}\mathrm{d}x=\int\cos 2\sqrt{x}\,\mathrm{d}(2\sqrt{x})=\sin 2\sqrt{x}+C$$

【例 5-22】 求不定积分 $\int\frac{\mathrm{e}^x}{1+\mathrm{e}^x}\mathrm{d}x$.

解 $\int\frac{\mathrm{e}^x}{1+\mathrm{e}^x}\mathrm{d}x=\int\frac{1}{1+\mathrm{e}^x}\mathrm{d}(\mathrm{e}^x+1)=\ln(1+\mathrm{e}^x)+C$

【例 5-23】 求不定积分 $\int\frac{1}{x(1+2\ln x)}\mathrm{d}x$.

解
$$\int\frac{1}{x(1+2\ln x)}\mathrm{d}x=\int\frac{1}{1+2\ln x}\mathrm{d}\ln x=\frac{1}{2}\int\frac{1}{1+2\ln x}\mathrm{d}(1+2\ln x)$$
$$=\frac{1}{2}\ln|1+2\ln x|+C$$

【例 5-24】 求不定积分 $\int\frac{\mathrm{e}^{\frac{1}{x}}}{x^2}\mathrm{d}x$.

解 $\int\frac{\mathrm{e}^{\frac{1}{x}}}{x^2}\mathrm{d}x=-\int\mathrm{e}^{\frac{1}{x}}\mathrm{d}\,\frac{1}{x}=-\mathrm{e}^{\frac{1}{x}}+C$

【例 5-25】 求不定积分$\int x\sin(3x^2-2)\mathrm{d}x$.

解 $$\int x\sin(3x^2-2)\mathrm{d}x=\frac{1}{6}\int\sin(3x^2-2)\mathrm{d}(3x^2-2)$$
$$=-\frac{1}{6}\cos(3x^2-2)+C$$

【例 5-26】 求不定积分$\int\frac{1}{x^2-a^2}\mathrm{d}x(a>0)$.

解 由于$\frac{1}{x^2-a^2}=\frac{1}{2a}\left(\frac{1}{x-a}-\frac{1}{x+a}\right)$

则 $$\int\frac{1}{x^2-a^2}\mathrm{d}x=\frac{1}{2a}\int\left(\frac{1}{x-a}-\frac{1}{x+a}\right)\mathrm{d}x$$
$$=\frac{1}{2a}\left[\int\frac{1}{x-a}\mathrm{d}(x-a)-\int\frac{1}{x+a}\mathrm{d}(x+a)\right]$$
$$=\frac{1}{2a}(\ln|x-a|-\ln|x+a|)+C$$
$$=\frac{1}{2a}\ln\left|\frac{x-a}{x+a}\right|+C$$

【例 5-27】 求不定积分$\int\frac{1}{x^2-5x+4}\mathrm{d}x$.

解 $$\int\frac{1}{x^2-5x+4}\mathrm{d}x=\int\frac{1}{(x-1)(x-4)}\mathrm{d}x$$
$$=\frac{1}{3}\int\left(\frac{1}{x-4}-\frac{1}{x-1}\right)\mathrm{d}x$$
$$=\frac{1}{3}\left[\int\frac{1}{x-4}\mathrm{d}(x-4)-\int\frac{1}{x-1}\mathrm{d}(x-1)\right]$$
$$=\frac{1}{3}\ln\left|\frac{x-4}{x-1}\right|+C$$

【例 5-28】 求不定积分$\int\frac{1}{x^2+4x+5}\mathrm{d}x$.

解 $$\int\frac{1}{x^2+4x+5}\mathrm{d}x=\int\frac{1}{(x+2)^2+1}\mathrm{d}(x+2)$$
$$=\arctan(x+2)+C$$

【例 5-29】 求不定积分$\int\tan x\mathrm{d}x$.

解 $$\int\tan x\mathrm{d}x=\int\frac{\sin x}{\cos x}\mathrm{d}x=-\int\frac{1}{\cos x}\mathrm{d}\cos x=-\ln|\cos x|+C$$

同理，$\int\cot x\mathrm{d}x=\ln|\sin x|+C$

【例 5-30】 求不定积分$\int\sin^3x\mathrm{d}x$.

解 $$\int\sin^3x\mathrm{d}x=-\int\sin^2x\mathrm{d}\cos x=-\int(1-\cos^2x)\mathrm{d}\cos x$$

$$= \int \cos^2 x \mathrm{d}\cos x - \int \mathrm{d}\cos x$$

$$= \frac{\cos^3 x}{3} - \cos x + C$$

【例 5-31】 求不定积分 $\int \cos^2 x \mathrm{d}x$.

解 $\int \cos^2 x \mathrm{d}x = \int \frac{1+\cos 2x}{2} \mathrm{d}x = \frac{1}{2}\int \mathrm{d}x + \frac{1}{4}\int \cos 2x \mathrm{d}2x$

$$= \frac{1}{2}x + \frac{1}{4}\sin 2x + C$$

$$= \ln|\sec x + \tan x| + C$$

2. 第二类换元积分法

定理 5.3 设 $x=\varphi(t)$是单调可微函数，且 $\varphi'(t)\neq 0$. 若 $f[\varphi(t)]\varphi'(t)$具有原函数 $F(t)$，则有换元公式

$$\int f(x)\mathrm{d}x = \left[\int f[\varphi(t)]\varphi'(t)\mathrm{d}t\right]_{t=\varphi^{-1}(x)} = F[\varphi^{-1}(x)] + C$$

其中，$t=\varphi^{-1}(x)$是 $x=\varphi(t)$的反函数.

第二换元积分法的解决对象主要是无理函数(含根号的函数)的积分，其基本思想是先消去根号，然后再计算不定积分.

(1) 当被积函数中含 $\sqrt{ax+b}$ $(a\neq 0)$时，令 $\sqrt{ax+b}=t$.

【例 5-32】 求不定积分 $\int \frac{\mathrm{d}x}{1+\sqrt{x+1}}$.

解 与基本积分公式相比，计算这个不定积分最大的困难是被积函数中含有根号.

令 $\sqrt{x+1}=t$，则 $x=t^2-1$，$\mathrm{d}x=2t\mathrm{d}t$. 于是

$$\int \frac{\mathrm{d}x}{1+\sqrt{x+1}} = \int \frac{2t\mathrm{d}t}{1+t} = 2\int \frac{t+1-1}{1+t}\mathrm{d}t$$

$$= 2\int\left(1-\frac{1}{1+t}\right)\mathrm{d}t$$

$$= 2t - 2\ln|1+t| + C$$

$$= 2\sqrt{x+1} - 2\ln(1+\sqrt{x+1}) + C$$

(2) 当被积函数既含有 $\sqrt[n]{ax+b}$ 又含有 $\sqrt[m]{ax+b}$，则令 $\sqrt[k]{ax+b}=t$(k 为 m、n 的最小公倍数).

【例 5-33】 求不定积分 $\int \frac{\mathrm{d}x}{\sqrt{x}+\sqrt[4]{x}}$.

解 与基本积分公式相比，计算这个不定积分最大的困难是被积函数中含有根号. 为了同时去掉两个根号，令 $\sqrt[4]{x}=t$，则 $x=t^4$，$\mathrm{d}x=4t^3\mathrm{d}t$. 于是

$$\int \frac{\mathrm{d}x}{\sqrt{x}+\sqrt[4]{x}} = \int \frac{4t^3\mathrm{d}t}{t^2+t} = 4\int \frac{t^2-1+1}{t+1}\mathrm{d}t = 4\int\left(t-1+\frac{1}{t+1}\right)\mathrm{d}t$$

$$= 2t^2 - 4t + 4\ln|1+t| + C$$

$$= 2\sqrt{x} - 4\sqrt[4]{x} + 4\ln(1+\sqrt[4]{x}) + C$$

(3) 当被积函数中含 $\sqrt{a^2-x^2}$ $(a>0)$ 时，令 $x=a\sin t$.

【例 5-34】 求不定积分 $\int \sqrt{a^2-x^2}\,\mathrm{d}x\,(a>0)$.

解 设 $x=a\sin t\left(-\frac{\pi}{2}<t<\frac{\pi}{2}\right)$，$\mathrm{d}x=a\cos t\mathrm{d}t$.

$$\begin{aligned}\int \sqrt{a^2-x^2}\,\mathrm{d}x &= \int a\cos t\cdot a\cos t\mathrm{d}t = a^2\int \cos t^2\,\mathrm{d}t \\ &= \frac{a^2}{2}\int(1+\cos 2t)\mathrm{d}t \\ &= \frac{a^2}{2}(t+\frac{1}{2}\sin 2t)+C \\ &= \frac{a^2}{2}(t+\sin t\cos t)+C\end{aligned}$$

因为 $x=a\sin t$，$\sin t=\frac{x}{a}$，$t=\arcsin\frac{x}{a}$；利用辅助三角形(画一个以 t 为锐角的直角三角形)(图 5-8)于是 $\cos t=\frac{\sqrt{a^2-x^2}}{a}$，从而有

$$\int \sqrt{a^2-x^2}\,\mathrm{d}x = \frac{a^2}{2}(t+\sin t\cos t)+C = \frac{a^2}{2}\arcsin\frac{x}{a}+\frac{x}{2}\sqrt{a^2-x^2}+C$$

(4) 当被积函数中含 $\sqrt{x^2+a^2}$ $(a>0)$ 时，令 $x=a\tan t$.

【例 5-35】 求不定积分 $\int \frac{\mathrm{d}x}{\sqrt{a^2+x^2}}\,(a>0)$.

解 令 $x=a\tan t\left(-\frac{\pi}{2}<t<\frac{\pi}{2}\right)$，$\mathrm{d}x=a\sec^2 t\mathrm{d}t$，

则 $$\begin{aligned}\int \frac{\mathrm{d}x}{\sqrt{a^2+x^2}} &= \int \frac{1}{a\sec t}\cdot a\sec^2 t\mathrm{d}t \\ &= \int \sec t\mathrm{d}t = \ln|\sec t+\tan t|+C_1\end{aligned}$$

利用辅助三角形(图 5-9)有 $\sec t=\frac{\sqrt{a^2+x^2}}{a}$，又 $\tan t=\frac{x}{a}$

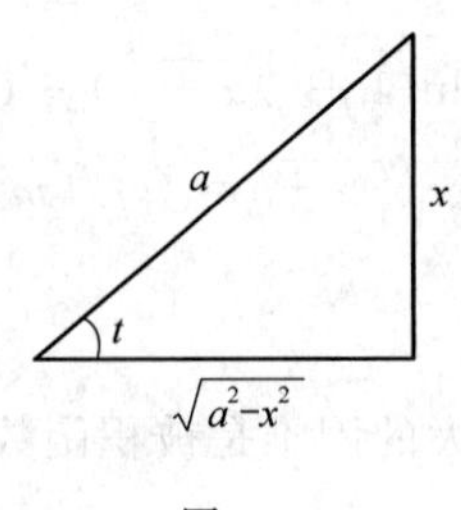

图 5-8

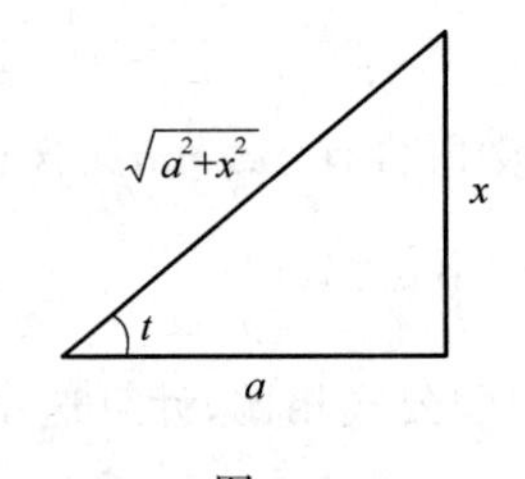

图 5-9

则 $$\begin{aligned}\int \frac{\mathrm{d}x}{\sqrt{a^2+x^2}} &= \ln|\sec t+\tan t|+C_1 \\ &= \ln\left|\frac{\sqrt{a^2+x^2}}{a}+\frac{x}{a}\right|+C_1\end{aligned}$$

$$= \ln\left|\sqrt{a^2+x^2}+x\right|+C$$

其中 $C=C_1-\ln a$.

(5) 当被积函数中含 $\sqrt{x^2-a^2}\,(a>0)$ 时,令 $x=a\sec t$.

【例 5-36】 求不定积分 $\int \frac{\sqrt{x^2-9}}{x}\mathrm{d}x$.

解 令 $x=3\sec t, \mathrm{d}x=3\sec t\tan t\mathrm{d}t$,

则 $$\int \frac{\sqrt{x^2-9}}{x}\mathrm{d}x = \int \frac{3\tan t}{3\sec t}\cdot 3\sec 0t\tan t\mathrm{d}t$$
$$= \int 3\tan^2 t\mathrm{d}t = 3\int(\sec^2 t-1)\mathrm{d}t$$
$$= 3\tan t-3t+C$$

利用辅助三角形(图 5-10)可知 $\tan t=\frac{\sqrt{x^2-9}}{3}$,又 $\sec t=\frac{x}{3}, \cos t=\frac{3}{x}, t=\arccos\frac{3}{x}$;

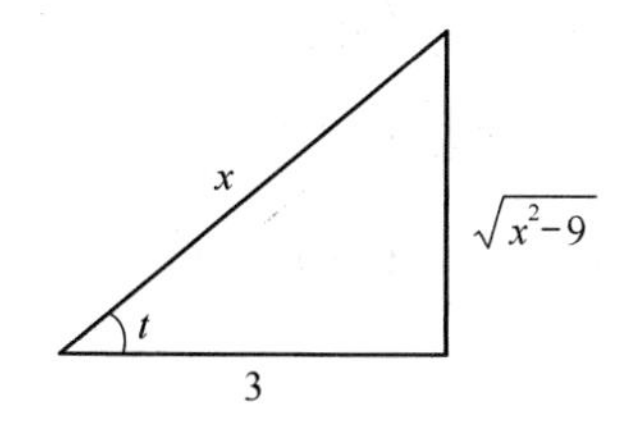

图 5-10

所以 $\int \frac{\sqrt{x^2-9}}{x}\mathrm{d}x = 3\tan t-3t+C = \sqrt{x^2-9}-3\arccos\frac{3}{x}+C$

同样的方法,可求出 $\int \frac{1}{\sqrt{x^2-a^2}}\mathrm{d}x = \ln\left|x+\sqrt{x^2-a^2}\right|+C$

综上是第二换元积分的主要的几种形式,注意回代时,辅助三角形的使用.

二、定积分的换元积分法

定理 5.4 设函数 $f(x)$ 在 $[a,b]$ 上连续,函数 $x=\varphi(t)$ 在以 α 和 β 为端点的闭区间上单调并且具有连续的导函数,且 $\varphi(\alpha)=a, \varphi(\beta)=b$,则

$$\int_a^b f(x)\mathrm{d}x = \int_\alpha^\beta f[\varphi(t)]\varphi'(t)\mathrm{d}t$$

运用该定理应注意以下两点:

(1) 用 $x=\varphi(t)$ 把变量 x 代换成变量 t 的同时对应的上下限也要改变,且改变后的上下限与原上下限对应;

(2) 求出 $\int_\alpha^\beta f[\varphi(t)]\varphi'(t)\mathrm{d}t$ 的一个原函数 $F[\varphi(t)]$ 后,只要把新的变量 t 的上下限分别代入 $F[\varphi(t)]$ 中然后进行计算即可.

【例 5-37】 计算定积分 $\int_0^4 \frac{\mathrm{d}x}{1+\sqrt{x}}$.

解 设 $\sqrt{x}=t$,即 $x=t^2\,(t>0)$, $\mathrm{d}x=2t\mathrm{d}t$.

当 $x=0$ 时,$t=1$;当 $x=\frac{\pi}{2}$时,$t=0$. 于是有

$$\int_0^4 \frac{\mathrm{d}x}{1+\sqrt{x}} = \int_0^2 \frac{2t}{1+t}\mathrm{d}t = 2\int_0^2\left(1-\frac{1}{1+t}\right)\mathrm{d}t$$
$$= 2(t-\ln|1+t|)\big|_0^2 = 4-2\ln 3$$

【例 5-38】 求 $\int_0^{\frac{\pi}{2}} \cos^3 x\sin x\mathrm{d}x$.

解 设 $\cos x=t$,则 $\mathrm{d}t=\mathrm{d}\cos x=-\sin x\mathrm{d}x$.

当 $x=0$ 时,$t=1$;当 $x=\frac{\pi}{2}$ 时,$t=0$. 于是有

$$\int_0^{\frac{\pi}{2}} \cos^3 x\sin x\mathrm{d}x = -\int_1^0 t^3\mathrm{d}t = \int_0^1 t^3\mathrm{d}t = \left.\frac{t^4}{4}\right|_0^1 = \frac{1}{4}$$

【例 5-39】 计算定积分 $\int_0^{\ln 2} \mathrm{e}^x(1+\mathrm{e}^x)^2\mathrm{d}x$.

解 设 $t=\mathrm{e}^x$,则 $x=\ln t$,$\mathrm{d}x=\mathrm{d}\ln t=\frac{1}{t}\mathrm{d}t$.

当 $x=0$ 时,$t=1$;当 $x=\ln 2$ 时,$t=2$,于是有

$$\int_0^{\ln 2} \mathrm{e}^x(1+\mathrm{e}^x)^2\mathrm{d}x = \int_1^2 (1+t)^2\mathrm{d}t = \left.\frac{1}{3}(1+t)^3\right|_1^2 = \frac{19}{3}$$

习题 5-4

1. 在下列各式等号右端的空白处填入适当的系数,使等式成立

(1) $\mathrm{d}x=$____ $\mathrm{d}(ax)$;　(2) $\mathrm{d}x=$____ $\mathrm{d}(7x-3)$;

(3) $x\mathrm{d}x=$____ $\mathrm{d}(x^2)$;　(4) $x\mathrm{d}x=$____ $\mathrm{d}(5x^2)$;

(5) $x\mathrm{d}x=$____ $\mathrm{d}(1-x^2)$;　(6) $x^3\mathrm{d}x=$____ $\mathrm{d}(3x^4-2)$;

(7) $\mathrm{e}^{2x}\mathrm{d}x=$____ $\mathrm{d}(\mathrm{e}^{2x})$;　(8) $\mathrm{e}^{-\frac{x}{2}}\mathrm{d}x=$____ $\mathrm{d}(1+\mathrm{e}^{-\frac{x}{2}})$;

(9) $\sin\frac{2x}{3}\mathrm{d}x=$____ $\mathrm{d}\left(\cos\frac{2x}{3}\right)$;　(10) $\frac{1}{x}\mathrm{d}x=$____ $\mathrm{d}(5\ln|x|)$

2. 求下列不定积分

(1) $\int\frac{1}{\sqrt{1+x}}\mathrm{d}x$;　(2) $\int\mathrm{e}^{5x}\mathrm{d}x$;

(3) $\int\cos(1-x)\mathrm{d}x$;　(4) $\int(3-2x)^3\mathrm{d}x$;

(5) $\int\frac{1}{1-2x}\mathrm{d}x$;　(6) $\int\frac{1}{(1-2x)^2}\mathrm{d}x$;

(7) $\int\sqrt{7+5x}\,\mathrm{d}x$;　(8) $\int\sin 3x\mathrm{d}x$;

(9) $\int\frac{\mathrm{e}^{2x}-1}{\mathrm{e}^x}\mathrm{d}x$;　(10) $\int\frac{1}{9+x^2}\mathrm{d}x$;

(11) $\int\frac{1}{9+4x^2}\mathrm{d}x$;　(12) $\int\frac{x}{1+x^2}\mathrm{d}x$;

(13) $\int \frac{x^2}{4+x^3}dx$；

(14) $\int x\sqrt{2+x^2}\,dx$；

(15) $\int \frac{x}{\sqrt{1-x^2}}dx$；

(16) $\int \cot 3t\,dt$；

(17) $\int \frac{\ln x}{x}dx$；

(18) $\int \sin^3 x\cos x\,dx$；

(19) $\int \frac{\sin x}{\cos^2 x}dx$；

(20) $\int \frac{1}{\sqrt{x}}\sin\sqrt{x}\,dx$；

(21) $\int \frac{x^3}{\sqrt{1-x^8}}dx$；

(22) $\int \frac{1}{x^2+2x+3}dx$；

(23) $\int \frac{1}{(x+1)(x+3)}dx$；

(24) $\int \frac{1}{x^2+2x}dx$；

(25) $\int \frac{x^2}{1+x}dx$；

(26) $\int \cos^2\frac{x}{2}dx$；

(27) $\int \sin^3 x\,dx$；

(28) $\int \frac{x^2}{1-x^2}dx$.

3. 求下列不定积分

(1) $\int \frac{1}{1+\sqrt[3]{x}}dx$；

(2) $\int \frac{\sqrt{x}}{\sqrt{x}-\sqrt[3]{x}}dx$；

(3) $\int \frac{\sqrt{x+1}}{1+\sqrt{x+1}}dx$；

(4) $\int \frac{x^2}{\sqrt{a^2-x^2}}dx\ (a>0)$；

(5) $\int \frac{1}{\sqrt{(x^2-a^2)^3}}dx\ (a>0)$；

(6) $\int \frac{x^3}{\sqrt{1+x^2}}dx$；

(7) $\int \frac{\sqrt{x^2+a^2}}{x^2}dx$；

(8) $\int \frac{1}{x\sqrt{1-x^2}}dx$.

4. 计算下列定积分

(1) $\int_0^2 \frac{1}{4+x^2}dx$；

(2) $\int_1^{e^2} \frac{1}{x\sqrt{1+\ln x}}dx$；

(3) $\int_{\frac{1}{\pi}}^{\frac{2}{\pi}} \frac{1}{x^2}\cos\frac{1}{x}dx$；

(4) $\int_0^{\frac{\pi}{2}} \frac{\sin x}{\sqrt{\cos x}}dx$；

(5) $\int_0^1 \frac{e^x}{1+e^x}dx$；

(6) $\int_0^3 \frac{x}{\sqrt{1+x}}dx$；

(7) $\int_0^{\ln 2} \sqrt{e^x-1}\,dx$；

(8) $\int_0^2 \sqrt{4-x^2}\,dx$.

第 5 节 分部积分法

利用直接积分法及换元积分法可以解决很多不定积分的计算问题，但是对于形如 $\int xe^x dx$ 类型的积分却不适用. 本节将介绍求这种类型的不定积分的一种方法，即分部积分法.

一、不定积分的分部积分法

定理 5.5 设$u=u(x)$，$v=v(x)$都是连续可微函数，则有分部积分公式

$$\int u\mathrm{d}v = uv - \int v\mathrm{d}u$$

证明 因为函数$u(x)$，$v(x)$都是可微函数，于是

$$(uv)'=u'v+uv'$$

移项得

$$uv'=uv-u'v$$

等式两端同时求不定积分，得

$$\int uv'\mathrm{d}x = uv - \int u'v\mathrm{d}x$$

即

$$\int u\mathrm{d}v = uv - \int v\mathrm{d}u$$

这个公式称为**分部积分公式**，要能正确使用分部积分公式，关键是如何选择u和$\mathrm{d}v$. 一般情况下，要考虑以下两点：

(1) v要容易求得(可用凑微分法求得)；

(2) $\int v\mathrm{d}u$要比$\int u\mathrm{d}v$容易积出.

【例 5-40】 求不定积分$\int x\cos x\mathrm{d}x$.

被积函数为两个因子的乘积，且两个因子都容易与$\mathrm{d}x$凑微分：$x\mathrm{d}x=\frac{1}{2}\mathrm{d}x^2$，$\cos x\mathrm{d}x=\mathrm{d}\sin x$；且$(x)'=1$，$(\cos x)'=-\sin x$. 由于$x$的导数简单，故选$u=x$.

解
$$\begin{aligned}\int x\cos x\mathrm{d}x &= \int x\mathrm{d}\sin x = x\sin x - \int \sin x\mathrm{d}x \\ &= x\sin x + \cos x + C\end{aligned}$$

【例 5-41】 求不定积分$\int x\mathrm{e}^{-3x}\mathrm{d}x$.

被积函数为两个因子的乘积，且两个因子都容易与$\mathrm{d}x$凑微分：$x\mathrm{d}x=\frac{1}{2}\mathrm{d}x^2$，$\mathrm{e}^{-3x}\mathrm{d}x=-\frac{1}{3}\mathrm{d}\mathrm{e}^{-3x}$；且$(x)'=1$，$(\mathrm{e}^{-3x})'=-3\mathrm{e}^{-3x}$. 由于$x$的导数简单，故选$u=x$.

解
$$\begin{aligned}\int x\mathrm{e}^{-3x}\mathrm{d}x &= -\frac{1}{3}\int x\mathrm{d}\mathrm{e}^{-3x} \\ &= -\frac{1}{3}\left(x\mathrm{e}^{-3x} - \int \mathrm{e}^{-3x}\mathrm{d}x\right) \\ &= -\frac{1}{3}x\mathrm{e}^{-3x} - \frac{1}{9}\mathrm{e}^{-3x} + C\end{aligned}$$

【例 5-42】 求不定积分$\int x^2\ln x\mathrm{d}x$.

被积函数为两个因子的乘积，只有一个因子容易与$\mathrm{d}x$凑微分：$x^2\mathrm{d}x=\frac{1}{3}\mathrm{d}x^3$. 故选不容易与$\mathrm{d}x$凑微分的因子为$u$，即$u=\ln x$.

解
$$\int x^2\ln x\mathrm{d}x=\frac{1}{3}\int\ln x\mathrm{d}x^3$$
$$=\frac{1}{3}x^3\ln x-\frac{1}{3}\int x^3\cdot\frac{1}{x}\mathrm{d}x$$
$$=\frac{1}{3}x^3\ln x-\frac{1}{9}x^3+C$$

【例 5-43】 求不定积分 $\int x^2\arctan x\mathrm{d}x$.

解
$$\int x^2\arctan x\mathrm{d}x=\frac{1}{3}\int\arctan x\mathrm{d}x^3=\frac{1}{3}\left(x^3\arctan x-\int x^3\cdot\frac{1}{1+x^2}\mathrm{d}x\right)$$
$$=\frac{1}{3}x^3\arctan x-\frac{1}{3}\cdot\frac{1}{2}\int\frac{x^2+1-1}{1+x^2}\mathrm{d}x^2$$
$$=\frac{1}{3}x^3\arctan x-\frac{1}{6}x^2+\frac{1}{6}\ln(1+x^2)+C$$

【例 5-44】 求不定积分 $\int\arcsin x\mathrm{d}x$.

解
$$\int\arcsin x\mathrm{d}x=x\arcsin x-\int x\cdot\frac{1}{\sqrt{1-x^2}}\mathrm{d}x$$
$$=x\arcsin x+\frac{1}{2}\int\frac{1}{\sqrt{1-x^2}}\mathrm{d}(1-x^2)$$
$$=x\arcsin x+\frac{1}{2}\cdot\frac{(1-x^2)^{\frac{1}{2}}}{\frac{1}{2}}+C$$
$$=x\arcsin x+\sqrt{1-x^2}+C$$

【例 5-45】求不定积分 $\int\ln^2 x\mathrm{d}x$.

解
$$\int\ln^2 x\mathrm{d}x=x\ln^2 x-\int x\cdot 2\ln x\cdot\frac{1}{x}\mathrm{d}x$$
$$=x\ln^2 x-2\int\ln x\mathrm{d}x$$
$$=x\ln^2 x-2x\ln x+2\int x\cdot\frac{1}{x}\mathrm{d}x$$
$$=x\ln^2 x-2x\ln x+2x+C$$

从例 5-40 到例 5-45 中我们看到，被积函数已经是最简单形式了（基本初等函数的乘积），且又不能用基本积分公式进行求积分，此时可考虑用分部积分法.

【例 5-46】 求不定积分 $\int\mathrm{e}^x\sin x\mathrm{d}x$.

解
$$\int\mathrm{e}^x\sin x\mathrm{d}x=\int\sin x\mathrm{d}\mathrm{e}^x=\mathrm{e}^x\sin x-\int\mathrm{e}^x\cos x\mathrm{d}x$$
$$=\mathrm{e}^x\sin x-\int\cos x\mathrm{d}\mathrm{e}^x$$
$$=\mathrm{e}^x\sin x-\mathrm{e}^x\cos x-\int\mathrm{e}^x\sin x\mathrm{d}x$$

移项且两边同除以 2，得

$$\int e^x \sin x dx = \frac{1}{2}(e^x \sin x - e^x \cos x) + C$$

由于上式右端不含积分式,所以必须加上常数 C.

在计算不定积分的过程中,如果被积函数较复杂,应先用换元法进行化简;如果化简后还不能用公式计算,此时可考虑用分部积分法.

【例 5-47】 求不定积分 $\int e^{\sqrt{x}} dx$.

解 令 $t=\sqrt{x}$,则 $x=t^2$,$dx=2tdt$,于是

$$\int e^{\sqrt{x}} dx = 2\int te^t dt = 2\int tde^t = 2e^t(t-1)+C = 2e^{\sqrt{x}}(\sqrt{x}-1)+C$$

二、定积分的分部积分法

设 $u=u(x)$,$v=v(x)$都是区间$[a,b]$上连续可微的函数,则有

$$(uv)'=u'v+uv'$$

移项得

$$uv'=uv-u'v$$

对等式两边求定积分,得

$$\int_a^b u(x)dv(x) = u(x)v(x)\Big|_a^b - \int_a^b v(x)du(x)$$

这个公式称定积分的分部积分公式.简记为

$$\int_a^b u dv = uv\Big|_a^b - \int_a^b v du$$

【例 5-48】 求 $\int_0^1 xe^x dx$.

解 由分部积分公式,得

$$\int_0^1 xe^x dx = \int_0^1 x de^x = xe^x\Big|_0^1 - \int_0^1 e^x dx = e - e^x\Big|_0^1 = 1$$

【例 5-49】 求 $\int_0^1 x\arctan x dx$.

解 由分部积分公式,得

$$\begin{aligned}\int_0^1 x\arctan x dx &= \frac{1}{2}\int_0^1 \arctan x dx^2 \\ &= \frac{1}{2}x^2\arctan x\Big|_0^1 - \frac{1}{2}\int_0^1 \frac{x^2}{1+x^2}dx \\ &= \frac{\pi}{8} - \frac{1}{2}\int_0^1\left(1-\frac{1}{1+x^2}\right)dx \\ &= \frac{\pi}{8} - \frac{1}{2}(x-\arctan x)\Big|_0^1 \\ &= \frac{\pi}{4} - \frac{1}{2}\end{aligned}$$

【例 5-50】　求 $\int_{\frac{1}{e}}^{e} x\,|\ln x|\,\mathrm{d}x$.

解　$\int_{\frac{1}{e}}^{e} x\,|\ln x|\,\mathrm{d}x = \int_{\frac{1}{e}}^{1} x\,|\ln x|\,\mathrm{d}x + \int_{1}^{e} x\,|\ln x|\,\mathrm{d}x$

因为,当$\frac{1}{e}<x<1$时,$\ln x<0$,有$|\ln x|=-\ln x$;当$1\leqslant x\leqslant e$时,$\ln x\geqslant 0$,有$|\ln x|=\ln x$.所以

$$\int_{\frac{1}{e}}^{e} x\,|\ln x|\,\mathrm{d}x = -\int_{\frac{1}{e}}^{1} x\ln x\,\mathrm{d}x + \int_{1}^{e} x\ln x\,\mathrm{d}x$$

分别用分部积分公式求右边的两个积分,有

$$-\int_{\frac{1}{e}}^{1} x\ln x\,\mathrm{d}x = -\frac{1}{2}\int_{\frac{1}{e}}^{1} \ln x\,\mathrm{d}x^2 = -\frac{1}{2}x^2\ln x\Big|_{\frac{1}{e}}^{1} + \frac{1}{2}\int_{\frac{1}{e}}^{1} x^2\,\mathrm{d}\ln x$$

$$= -\frac{1}{2\mathrm{e}^2} + \frac{1}{2}\int_{\frac{1}{e}}^{1} x\,\mathrm{d}x = -\frac{1}{2\mathrm{e}^2} + \frac{1}{4}x^2\Big|_{\frac{1}{e}}^{1} = \frac{1}{4} - \frac{3}{4\mathrm{e}^2}$$

$$\int_{1}^{e} x\ln x\,\mathrm{d}x = \frac{1}{2}\int_{1}^{e} \ln x\,\mathrm{d}x^2 = \frac{x^2}{2}\ln x\Big|_{1}^{e} - \frac{1}{2}\int_{1}^{e} x^2\,\mathrm{d}\ln x$$

$$= \frac{\mathrm{e}^2}{2} - \frac{1}{4}x^2\Big|_{1}^{e} = \frac{\mathrm{e}^2}{4} + \frac{1}{4}$$

所以,有

$$\int_{\frac{1}{e}}^{e} x\,|\ln x|\,\mathrm{d}x = \frac{\mathrm{e}^2}{4} - \frac{3}{4\mathrm{e}^2} + \frac{1}{2}$$

【例 5-51】　求 $\int_{0}^{1} \mathrm{e}^{\sqrt{x}}\,\mathrm{d}x$.

解　令 $t=\sqrt{x}$,则 $x=t^2$,$\mathrm{d}x=2t\mathrm{d}t$. 当 $x=0$ 时,$t=0$;当 $x=1$ 时,$t=1$,于是

$$\int_{0}^{1} \mathrm{e}^{\sqrt{x}}\,\mathrm{d}x = 2\int_{0}^{1} t\mathrm{e}^t\,\mathrm{d}t = 2t\,\mathrm{e}^t\Big|_0^1 - 2\int_{0}^{1} \mathrm{e}^t\,\mathrm{d}t = 2e - 2\mathrm{e}^t\Big|_0^1 = 2$$

习题 5-5

1. 求下列不定积分

(1) $\int x\sin x\,\mathrm{d}x$;

(2) $\int x\mathrm{e}^x\,\mathrm{d}x$;

(3) $\int x\mathrm{e}^{-2x}\,\mathrm{d}x$;

(4) $\int x^2\mathrm{e}^{3x}\,\mathrm{d}x$;

(5) $\int x^2\cos 3x\,\mathrm{d}x$;

(6) $\int \ln x\,\mathrm{d}x$;

(7) $\int \arctan x\,\mathrm{d}x$;

(8) $\int x\arctan x\,\mathrm{d}x$;

(9) $\int \ln(1+x^2)\,\mathrm{d}x$;

(10) $\int (\ln x)^2\,\mathrm{d}x$;

(11) $\int \mathrm{e}^{-x}\cos x\,\mathrm{d}x$;

(12) $\int \mathrm{e}^{\sqrt[3]{x}}\,\mathrm{d}x$.

2. 计算下列定积分

(1) $\int_0^{\ln 2} xe^{-x}\mathrm{d}x$；　　(2) $\int_0^{e-1}\ln(1+x)\mathrm{d}x$；

(3) $\int_0^1 x\arctan x\mathrm{d}x$；　　(4) $\int_0^{\frac{\pi}{2}} e^x\sin x\mathrm{d}x$；

(5) $\int_0^{\frac{\pi}{2}} x\cos 2x\mathrm{d}x$；　　(6) $\int_1^2 \ln 3x\mathrm{d}x$.

第6节　定积分的应用

一、定积分的微元法

定积分在实际生活中有着广泛的应用.在定积分的应用中,经常采用**微元法**.为了说明这种方法,我们先来回顾一下本章第1节中讨论的曲边梯形的面积问题.

设 $f(x)$在区间$[a,b]$上连续,且 $f(x)\geqslant 0$,求曲线 $y=f(x)$和三条直线 $x=a,x=b$ 及 x 轴所围成的曲边梯形 A 的面积.

我们把这个面积 A 表示为定积分

$$A=\int_a^b f(x)\mathrm{d}x$$

其具体步骤是:

(1) 分割:将区间$[a,b]$任意分成 n 个长度为 $\Delta x_i(i=1,2,\cdots,n)$的小区间,相应地把曲边梯形分成 n 个小曲边梯形,其面积为 $\Delta A_i(i=1,2,\cdots,n)$,于是有

$$A=\sum_{i=1}^{n}\Delta A_i$$

(2) 作乘积:在每个小区间上计算 ΔA_i 的近似值

$$\Delta A_i\approx f(\xi_i)\Delta x_i\quad (x_{i-1}\leqslant\xi_i\leqslant x_i)$$

(3) 求和:面积的近似值

$$A=\sum_{i=1}^{n}\Delta A_i\approx\sum_{i=1}^{n}f(\xi_i)\Delta x_i$$

(4) 取极限:

$$A=\lim_{\lambda\to 0}\sum_{i=1}^{n}f(\xi_i)\Delta x_i=\int_a^b f(x)\mathrm{d}x$$

归纳总结为:

(1) 选取一个变量 x,确定它的变化区间$[a,b]$.

(2) 把区间$[a,b]$分成 n 个小区间,任取一个小区间并记为$[x,x+\mathrm{d}x]$,如果相应于这个小区间的部分量 ΔA 能近似表示为 $f(x)\mathrm{d}x$,即

$$\Delta A\approx f(x)\mathrm{d}x$$

就把 $f(x)\mathrm{d}x$ 称为 A 的微元,记作 $\mathrm{d}A=f(x)\mathrm{d}x$.

(3) 以所求量 A 的微元 $\mathrm{d}A=f(x)\mathrm{d}x$ 为被积表达式,在区间$[a,b]$上作定积分,即得 $A=\int_a^b f(x)\mathrm{d}x$.

以上方法称为**微元法**.在以后的学习中,我们将利用这个方法来讨论定积分的应用问题.

二、定积分的几何应用

1. 平面图形的面积

在本章的第 1 节我们介绍了定积分的几何意义,知道可以利用定积分的几何意义来求平面图形的面积.前面我们又介绍了微元法,利用微元法可求平面图形的面积.

一般地,利用微元法求几种图形的面积:

(1) 由曲线 $y=f(x)$,直线 $x=a, x=b$ 及 x 轴围成的曲边梯形的面积,如图 5-11 所示.面积微元为 $\mathrm{d}A=|f(x)|\mathrm{d}x$.积分得

$$A=\int_a^b |f(x)|\mathrm{d}x$$

(2) 由两条曲线 $y=f(x), y=g(x)$ 及直线 $x=a, x=b$ 所围成的平面图形的面积,如图 5-12所示,面积微元为

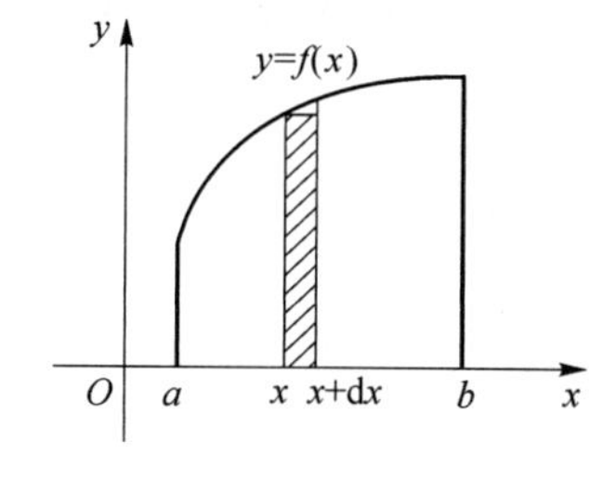

图 5-11

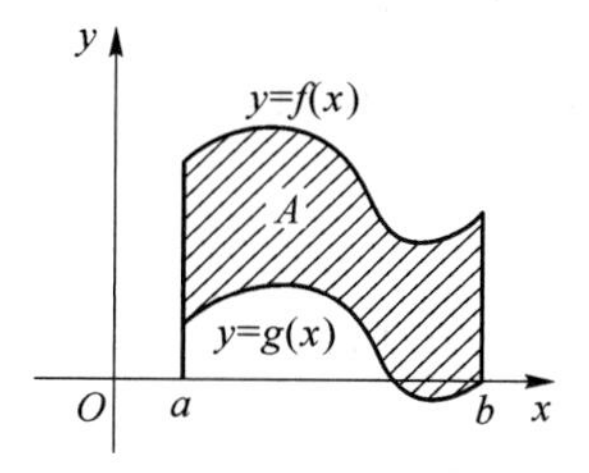

图 5-12

$$\mathrm{d}A=|f(x)-g(x)|\mathrm{d}x$$

积分得面积

$$A=\int_a^b |f(x)-g(x)|\mathrm{d}x$$

(3) 类似地,如图 5-13 所示,由曲线 $x=\varphi(y), y=c, y=d$ 及 y 轴围成的曲边梯形面积为

$$A=\int_c^d |\varphi(y)|\mathrm{d}y$$

(4) 如图 5-14 所示,由左右曲线 $x=\varphi(y), x=\psi(y)$ 及直线 $y=c, y=d$ 所围成的平面图形的面积为

$$A=\int_c^d |\varphi(y)-\psi(y)|\mathrm{d}y$$

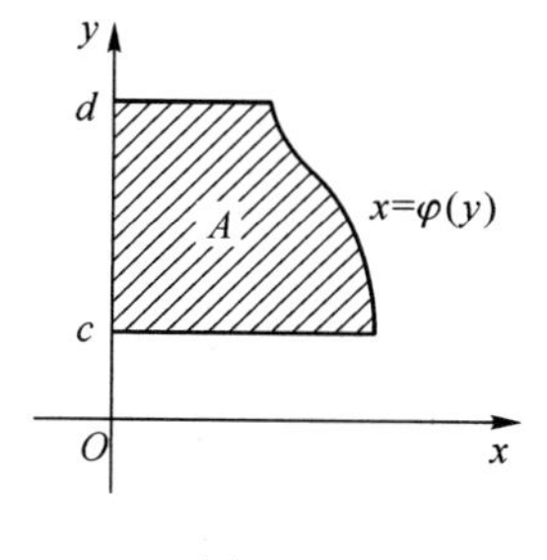

图 5-13

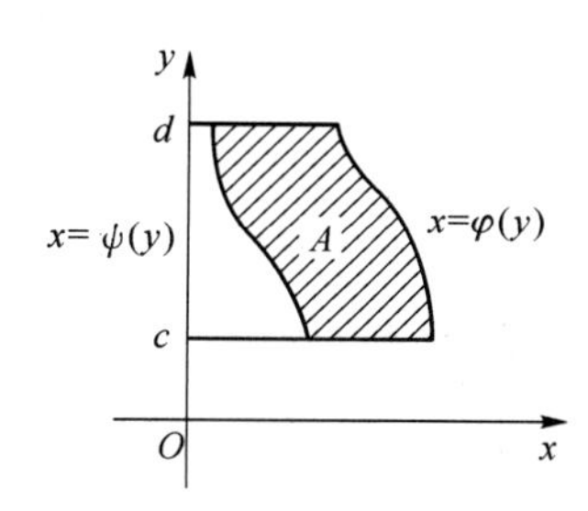

图 5-14

【例 5-52】 求由曲线 $xy=1$ 及直线 $y=x$，$x=4$ 所围成的平面图形的面积.

解 (1) 画出图形的简图，如图 5-15 所示，求出曲线的交点以确定积分区间.

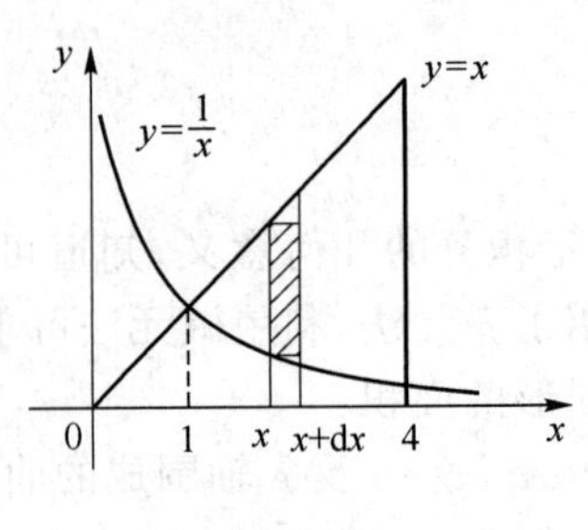

图 5-15

解方程组

$$\begin{cases} xy=1 \\ y=x \end{cases}$$

得两曲线交点为(1,1)及(−1,−1)舍去. $y=\dfrac{1}{x}$与 $x=4$ 的交点为$\left(4,\dfrac{1}{4}\right)$.

(2) 选择积分变量，$x\in[1,4]$，写出面积微元

$$\mathrm{d}A=\left(x-\frac{1}{x}\right)\mathrm{d}x$$

(3) $A=\displaystyle\int_1^4\left(x-\frac{1}{x}\right)\mathrm{d}x$

$=\left[\dfrac{1}{2}x^2-\ln x\right]_1^4$

$=\dfrac{15}{2}-\ln 4$

【例 5-53】 求抛物线 $y^2=2x$ 与直线 $y=x-4$ 所围成图形的面积.

解 (1) 画出图形的简图，如图 5-16 所示，求出曲线的交点以确定积分区间.

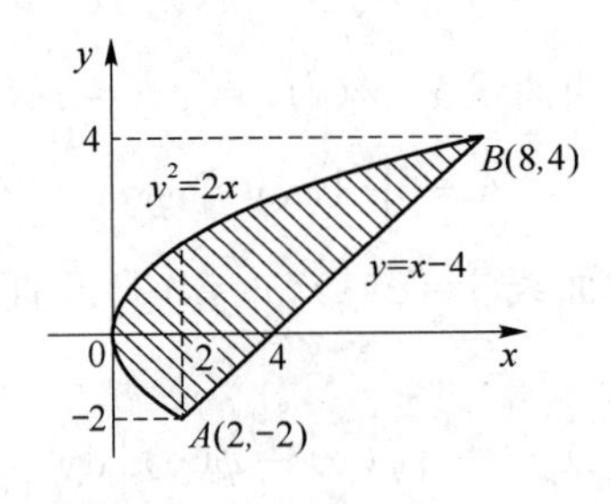

图 5-16

解方程组

$$\begin{cases} y^2=2x \\ y=x-4 \end{cases}$$

得交点 $A(2,-2)$，$B(8,4)$.

(2) 取 y 为积分变量，$y\in[-2,4]$，面积微元 $\mathrm{d}A=\left(y+4-\dfrac{y^2}{2}\right)\mathrm{d}y$

(3) 作定积分，得面积

$$A=\int_{-2}^{4}\left(y+4-\frac{y^2}{2}\right)\mathrm{d}y=18$$

【例 5-54】 计算两条抛物线 $y^2=x$ 和 $y=x^2$ 所围成的平面图形的面积.

解　平面图形如图 5-17 所示,为了确定积分区间,先求两条抛物线的交点.

解方程组

$$\begin{cases}y^2=x\\y=x^2\end{cases}$$

得曲线的两个交点(0,0)及(1,1).

取 x 为积分变量,$x\in[0,1]$,则面积微元为

$$\mathrm{d}A=(\sqrt{x}-x^2)\mathrm{d}x$$

于是所求面积为

$$A=\int_0^1(\sqrt{x}-x^2)\mathrm{d}x=\left[\frac{2}{3}x^{\frac{3}{2}}-\frac{1}{3}x^3\right]_0^1=\frac{1}{3}$$

【例 5-55】 求方程为$\frac{x^2}{a^2}+\frac{y^2}{b^2}=1$ 的椭圆的面积.

解　如图 5-18 所示,$A=4A_1$,A_1 为曲线 $y=\frac{b}{a}\sqrt{a^2-x^2}$,$x=0$,$x=a$ 围成的第一象限内的椭圆.

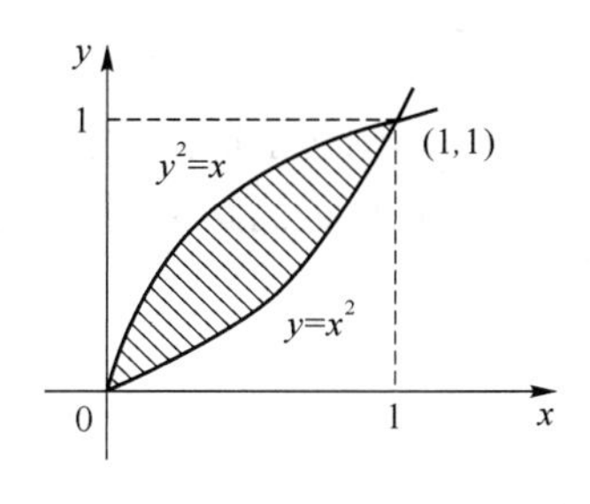

图 5-17

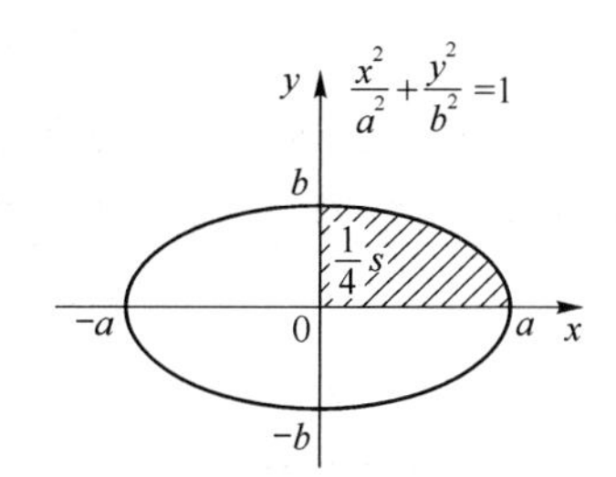

图 5-18

$$A=4\int_0^a\frac{b}{a}\sqrt{a^2-x^2}\,\mathrm{d}x=\frac{4b}{a}\int_0^{\frac{\pi}{2}}a^2\cos^2t\mathrm{d}t=\pi ab$$

当 $a=b$ 时,就是圆的面积 $A=\pi a^2$.

2. 旋转体的体积

旋转体就是由一个平面图形绕着该平面内的一条直线旋转一周而成的立体.这条直线称为旋转轴.圆柱、圆锥、圆台和球体都是旋转体.

在这里我们所学的旋转体的体积是分别以 x 轴或 y 轴为旋转轴的旋转体的体积.

(1) 绕 x 轴旋转的旋转体的体积

一般地,我们可以把旋转体看作是由曲线 $y=f(x)$和直线 $x=a$,$x=b$ 与 x 轴所围成的曲边梯形绕 x 轴旋转一周而成的立体.

现在,我们用定积分来计算它们的体积.

如图 5-19 所示,在区间$[a,b]$上的任意一点 x 处垂直于 x 轴切下厚度为 $\mathrm{d}x$ 的一薄片,这一薄片可以近似地看成是一个圆柱体,圆柱体的底半径为 $f(x)$,厚度为 $\mathrm{d}x$,因而得体积

微元为

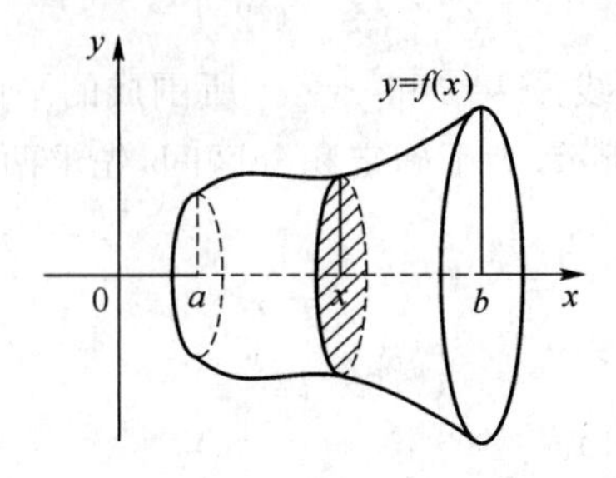

图 5-19

$$dV=\pi\left[f(x)\right]^2dx$$

把无穷多个这样的薄片累加起来，就是整个体积.

也就是由 a 到 b 的积分

$$V=\int_a^b dV=\pi\int_a^b\left[f(x)\right]^2dx$$

(2) 绕 y 轴旋转的旋转体的体积

类似地，如图 5-20 所示，由曲线 $x=\varphi(y)$，直线 $y=c$，$y=d(c<d)$ 及 y 轴所围成的曲边梯形绕 y 轴旋转一周而成的旋转体的体积为

$$V=\pi\int_c^d\left[\varphi(y)\right]^2dy$$

【例 5-56】 如图 5-21 所示，连接坐标原点 O 及点 $P(h,r)$ 的直线、直线 $x=h$ 及 x 轴围成一个直角三角形，将它绕 x 轴旋转构成一个半径为 r，高为 h 的圆锥体，计算圆锥体的体积.

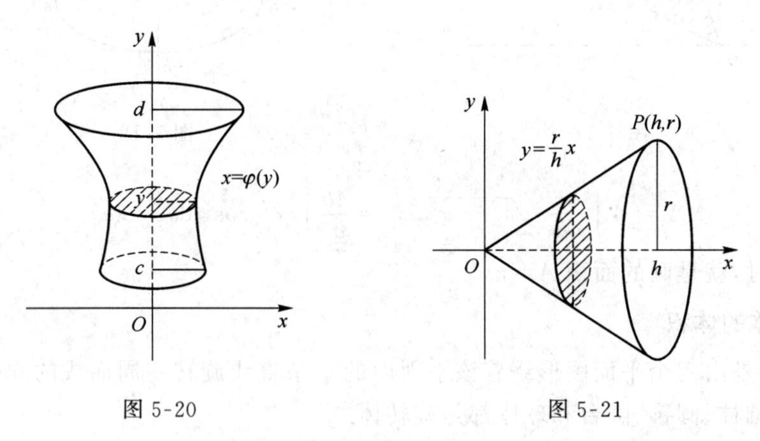

图 5-20　　图 5-21

解　过原点 O 及点 $P(h,r)$ 的直线方程为

$$y=\frac{r}{h}x$$

取横坐标 x 为积分变量，它的变化区间为$[0,h]$，相应地，体积微元为

$$dV=\pi\left(\frac{r}{h}x\right)^2dx$$

在闭区间$[0,h]$上作定积分，得

$$V=\int_0^h \pi\left(\frac{r}{h}x\right)^2 \mathrm{d}x=\frac{\pi r^2}{h^2}\left(\frac{x^3}{3}\right)\Big|_0^h=\frac{1}{3}\pi r^2 h$$

【例 5-57】 如图 5-22 所示，计算由椭圆$\frac{x^2}{a^2}+\frac{y^2}{b^2}=1$所围成的图形分别绕 x 轴或 y 轴旋转而成的椭球体的体积.

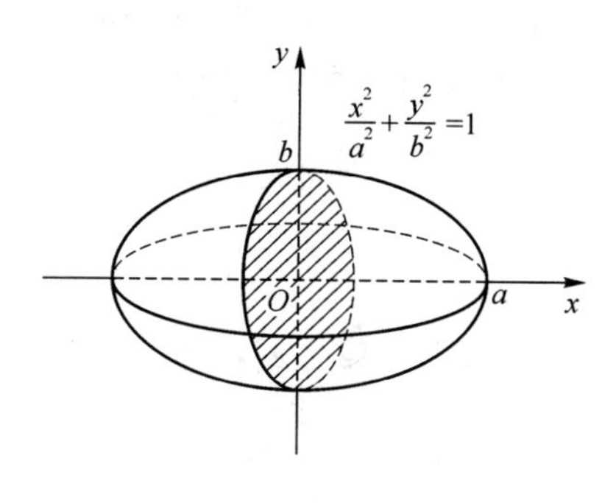

图 5-22

解　绕 x 轴旋转的椭球体可以看作是由半个椭圆

$$y=\frac{b}{a}\sqrt{a^2-x^2}$$

及 x 轴围成的图形绕 x 轴旋转而成的立体.

取 x 为积分变量，它的积分区间为$[-a,a]$，相应地，体积微元为

$$\mathrm{d}V=\frac{\pi b^2}{a^2}(a^2-x^2)\mathrm{d}x$$

在闭区间$[-a,a]$上作定积分，得

$$V=\int_{-a}^{a}\pi\frac{b^2}{a^2}(a^2-x^2)\mathrm{d}x=\pi\frac{b^2}{a^2}\left(a^2x-\frac{x^3}{3}\right)\Big|_{-a}^{a}=\frac{4}{3}\pi ab^2$$

同理 绕 y 轴旋转的椭球体的体积为

$$V=\int_{-b}^{b}\pi\frac{a^2}{b^2}(b^2-y^2)\mathrm{d}y==\pi\frac{a^2}{b^2}\left(b^2y-\frac{y^3}{3}\right)\Big|_{-b}^{b}=\frac{4}{3}\pi a^2 b$$

当 $a=b=r$ 时，椭球体即为球体，球体的体积为 $V=\frac{4}{3}\pi r^3$.

习题 5-6

1. 求由下列各曲线所围成的图形的面积

(1) $y=\frac{1}{x}, y=x, x=2$；　　(2) $y=x^2-25, y=x-13$；

(3) $y^2=2-x, x=0$；　　(4) $y=\mathrm{e}^x, y=\mathrm{e}^{-x}, x=1$；

(5) $y=2x^2, y=x^2, y=1$；　　(6) $y=3-x^2, y=2x$.

2. 计算由曲线 $xy=2, y-2x=0, 2y-x=0$ 所围成图形的面积.

3. 求抛物线 $y=\frac{1}{4}x^2$ 与在点(2,1)处的法线所围成的平面图形的面积.

4. 求抛物线 $y=-x^2+4x-3$ 及其在点$(0,-3)$和点$(3,0)$处的切线所围成图形的面积.

5. 求圆 $x^2+y^2=8$ 被抛物线 $x^2=2y$ 所分成两部分的面积.

6. 求下列函数分别绕 x 轴或 y 轴旋转产生的立体的体积

(1) 曲线 $y=\sqrt{x}$ 与直线 $x=1$,$x=4$ 及 x 轴所围成的图形;

(2) 曲线 $y=x^3$ 与直线 $x=1$ 及 x 轴所围成的图形;

(3) 圆 $x^2+y^2=1$ 与抛物线 $y^2=\frac{3}{2}x$ 所围成的图形.

本章小结

一、基本概念

定积分、原函数、不定积分.

二、基本知识

1. 微元法

第一步　根据具体情况,选取积分变量,如 x 为积分变量,并确定积分区间$[a,b]$;

第二步　写出 A 在任一个小区间$[x,x+\mathrm{d}x]$的微元 $\mathrm{d}A=f(x)\mathrm{d}x$;

第三步　写出在区间$[a,b]$上的定积分,得

$$A=\int_a^b f(x)\mathrm{d}x$$

2. 微积分基本公式

(1) 基本积分表(略).

(2) 微积分的基本公式(牛顿-莱布尼兹):若函数 $F(x)$是连续函数 $f(x)$在区间$[a,b]$上的一个原函数,则

$$\int_a^b f(x)\mathrm{d}x=F(b)-F(a)=F(x)\big|_a^b$$

3. 积分方法

(1) 第一换元积分法;

(2) 第二换元积分法;

(3) 分部积分法.

三、基本方法

1. 直接积分法

利用已有的积分公式或运算法则进行积分.

2. 换元积分法

不定积分的换元公式：$\int f[\varphi(x)]\varphi'(x)\mathrm{d}x=\int f(u)\mathrm{d}u$，这个公式从左到右用，称为第一类换元积分法，这种方法也称为凑微分法；反之，从右到左用称为第二类换元积分法.

定积分的换元积分公式：$\int_a^b f(x)\mathrm{d}x=\int_\alpha^\beta f[\varphi(t)]\varphi'(t)\mathrm{d}t$，其中 $\varphi(\alpha)=a,\varphi(\beta)=b$.

3. 分部积分法

不定积分的分部积分公式为$\int u\mathrm{d}v=uv-\int v\mathrm{d}u$，其中 $u=u(x),v=v(x)$ 都在$[a,b]$上有连续的导数.

定积分的分部积分法：$\int_a^b u\mathrm{d}v=(u\,v)\big|_a^b-\int_a^b v\mathrm{d}u$.

四、定积分的性质

(1) 规定：$\int_a^b f(x)\mathrm{d}x=-\int_b^a f(x)\mathrm{d}x$；$\int_a^a f(x)\mathrm{d}x=0$

(2) 数乘性质：$\int_a^b kf(x)\mathrm{d}x=k\int_a^b f(x)\mathrm{d}x$

(3) 和差性质：$\int_a^b [f(x)\pm g(x)]\mathrm{d}x=\int_a^b f(x)\mathrm{d}x\pm\int_a^b g(x)\mathrm{d}x$

(4) 积分区间的可加性：$\int_a^b f(x)\mathrm{d}x=\int_a^c f(x)\mathrm{d}x+\int_c^b f(x)\mathrm{d}x$

五、定积分的应用

(1) 利用定积分的几何意义和“微元法”求平面图形的面积.

(2) 利用“微元法”求平行截面面积为已知的立体的体积和绕 x 轴和 y 轴旋转的旋转体的体积.

复习题五

1. 下列题的做法是否正确？为什么？

(1) $\int_{-1}^{1}\frac{1}{x^2}\mathrm{d}x=-\frac{1}{x}\big|_{-1}^{1}=-2$；

(2) $\int_0^\pi\sqrt{\sin x-\sin^3 x}\,\mathrm{d}x=\int_0^\pi\cos x\sqrt{\sin x}\,\mathrm{d}x=\frac{2}{3}(\sin x)^{\frac{3}{2}}\big|_0^\pi=0$；

(3) $\int_0^{-1}\sqrt{1-x^2}\,\mathrm{d}x\xlongequal{令x=\sin x}\int_{2\pi}^{\frac{3}{2}\pi}\cos^2 x\mathrm{d}x$.

2. 设 $F(x)$是 $f(x)$的一个原函数，下面各等式是否正确？说明理由(其中 C 为积分常数).

(1) $\int F(x)\mathrm{d}x = f(x)+C$；

(2) $\int f(x)\mathrm{d}x = F(x)+C$；

(3) $\left[\int f(x)\mathrm{d}x\right]' = f(x)$；

(4) $\mathrm{d}\int f(x)\mathrm{d}x = f(x)+C$；

(5) $\int \mathrm{d}F(x) = F(x)+C$；

(6) $\int F'(x)\mathrm{d}x = f(x)+C$.

3. 设曲线过点(2,9)，且曲线上每一点处的切线斜率为 $3x^2$，试求该曲线的方程.

4. 求下列不定积分

(1) $\int (x^3+3x^2+1)\mathrm{d}x$；

(2) $\int x^2\sqrt{x}\,\mathrm{d}x$；

(3) $\int \dfrac{x^2+\sqrt{x^3}+3}{\sqrt{x}}\mathrm{d}x$；

(4) $\int (10^x+\cot^2 x)\mathrm{d}x$；

(5) $\int \dfrac{1+x+x^2}{x(1+x^2)}\mathrm{d}x$；

(6) $\int (\mathrm{e}^x+3\cos x)\mathrm{d}x$.

5. 求 c 值，使得 $\int_0^c x(1-x)\mathrm{d}x = 0$.

6. 使曲线 $y=x-x^2$ 与曲线 $y=ax$ 所围成的平面图形的面积为 $\dfrac{9}{2}$，求 a 的值.

7. 求下列不定积分

(1) $\int \dfrac{\mathrm{d}x}{2+3x}$；

(2) $\int x(5-x^2)^8\mathrm{d}x$；

(3) $\int (7x-6)^{30}\mathrm{d}x$；

(4) $\int \dfrac{\mathrm{d}x}{\mathrm{e}^x+\mathrm{e}^{-x}}$；

(5) $\int \dfrac{\cos\frac{1}{x}}{x^2}\mathrm{d}x$；

(6) $\int \dfrac{3}{1-x^2}\mathrm{d}x$；

(7) $\int \cos\dfrac{x}{3}\mathrm{d}x$；

(8) $\int \mathrm{e}^{-7x}\mathrm{d}x$；

(9) $\int \sin^5 x\cos x\mathrm{d}x$；

(10) $\int x\mathrm{e}^{-\frac{x^2}{2}}\mathrm{d}x$；

(11) $\int \dfrac{1}{x\ln^3 x}\mathrm{d}x$；

(12) $\int \dfrac{x}{\sqrt{5-2x^2}}\mathrm{d}x$.

8. 求下列不定积分

(1) $\int \dfrac{\sqrt{x-3}}{x}\mathrm{d}x$；

(2) $\int \dfrac{1}{\sqrt{x}-\sqrt[3]{x}}\mathrm{d}x$；

(3) $\int \dfrac{1}{1+\sqrt{x-1}}\mathrm{d}x$；

(4) $\int \dfrac{\sqrt{x}}{x^2-x}\mathrm{d}x$；

(5) $\int \dfrac{\sqrt{1+x}}{1+\sqrt{1+x}}\mathrm{d}x$；

(6) $\int \dfrac{1}{\sqrt{1+\mathrm{e}^x}}\mathrm{d}x$.

9. 求下列不定积分

(1) $\int \sqrt{9-x^2}\,\mathrm{d}x$；

(2) $\int \dfrac{1}{x^3\sqrt{x^2-4}}\mathrm{d}x$；

(3) $\int \frac{x^2}{\sqrt{1-x^2}}dx$；　　(4) $\int u\sqrt{3-u^2}du$；

(5) $\int \frac{dx}{x\sqrt{x^2-1}}$；　　(6) $\int x^2\sqrt{4-x^2}dx$.

10. 求下列不定积分

(1) $\int x\cos 3x dx$；　　(2) $\int x^4 \ln x dx$；

(3) $\int e^{-x}\sin 2x dx$；　　(4) $\int (\ln x)^2 dx$；

(5) $\int \cos\sqrt{x}dx$；　　(6) $\int x e^{\sqrt{x}}dx$；

(7) $\int e^x \sin x dx$；　　(8) $\int \arctan x dx$；

(9) $\int \ln(x+\sqrt{1+x^2})dx$；　　(10) $\int \arctan\sqrt{x}dx$.

11. 求下列题中由曲线所围成图形的面积

(1) $y=x^2, y=1$；

(2) $y=x^2, y=3x+4$；

(3) $y^2=2x, x-y=4$；

(4) $y=\frac{1}{2}x^2+1, x+y=5$.

12. 求由曲线 $y=x^2$ 与 $x=1, y=0$ 所围图形分别绕 x 轴、y 轴旋转的旋转体的体积.

13. 求由曲线 $y=x^2$ 与 $y^2=x$ 所围图形绕 x 轴旋转的旋转体的体积.

14. 求 $x^2+(y-5)^2=16$ 绕 x 轴旋转的旋转体的体积.

自　测　题

一、填空题(每空 3 分，共 30 分)

1. 函数 $y=\cos x$ 的一个原函数是________.

2. $\int f'(x)dx=$ ________.

3. 若 $\int f(x)dx=e^{-x}+\sin x+C$，则 $f(x)=$ ________.

4. $x^4 dx=$ ________ dx^5.

5. $\int \frac{dx}{x^2}=$ ________.

6. 若 $\int f(x)dx=e^x+C$，则 $\int e^x f(x)dx=$ ________.

7. 比较大小：$\int_1^2 x^2 dx$ ________ $\int_1^2 x^3 dx$.

8. 若 $\int_0^2 (kx+1) = 4$，则 $k=$ ________.

9. 曲线 $y=x^3$，$x=1$，$x=2$，$y=0$ 围成的面积定积分可表示为________.

10. $\int_2^4 x^2 \mathrm{d}x$ ________.

二、求不定积分或定积分(每题 5 分，共 50 分)

1. $\int\left(\cos x+3\sqrt{x}-\frac{1}{x}\right)\mathrm{d}x$；

2. $\int \frac{x}{1+x}\mathrm{d}x$；

3. $\int \sin(1-2x)\mathrm{d}x$；

4. $\int \frac{\ln x}{x}\mathrm{d}x$；

5. $\int \frac{2}{1+4x^2}\mathrm{d}x$；

6. $\int \frac{\mathrm{e}^{\sqrt{x}}}{\sqrt{x}}\mathrm{d}x$；

7. $\int x\sin x\mathrm{d}x$；

8. $\int x\mathrm{e}^x\mathrm{d}x$；

9. $\int_0^1 \frac{1}{1+\sqrt[3]{x}}\mathrm{d}x$；

10. $\int_0^2 |x-1|\mathrm{d}x$.

三、积分的应用(第一题 5 分，第二题 10 分，第三题 5 分，共 20 分)

1. 一曲线通过点$(\mathrm{e}^2,3)$，且在任一点处的切线斜率等于该点横坐标的倒数，求该曲线方程.

2. 求由曲线 $y=x^2-25$，$y=x-13$ 所围成的平面图形的面积.

3. 求由直线 $y=\frac{1}{2}x$，$y=0$，$x=4$ 所围成的平面图形绕 x 轴旋转所成旋转体的体积.

总自测题一

一、填空题(每空 3 分,共计 36 分)

1. 函数 $y=\frac{1}{x^2-1}$的定义域为____________.

2. 设函数 $f(x)=x^2+3x+1$,则 $f(-5)=$____________.

3. 已知 $f(x)=e^{2x}$则 $f'(x)=$____________.

4. 曲线 $y=\sqrt{x}$在点(4,2)处的斜率为____________.

5. 函数 $y=\ln[\sin(x^2-1)]$的复合过程为____________.

6. 函数 $f(x)=x^2-1$,在[1,2]上的最大值____________.

7. $dx=$________ $d(3-2x)$.

8. $\int dF(x)=$____________.

9. $\int 2x dx=$____________.

10. 在利用第二换元积分法时,如果被积函数含有 $\sqrt[n]{ax+b}$和 $\sqrt[m]{ax+b}$的根式,应该令 $\sqrt[k]{ax+b}=t$,那么 k 是____________.

11. 比较积分值大小 $\int_0^1 \sqrt{x}dx$ ____________ $\int_0^1 x^2 dx$.

12. 用定积分表示 $y=x^3$,$x=1$,$x=2$,$y=0$ 围成的图形的面积____________.

二、求下列函数的导数或微分(每小题 5 分,共计 20 分)

1. 已知 $y=\frac{x(\sqrt{x}+1)}{\sqrt{x}}$,求 y';

2. 已知 $y=\cos x^2$,求 y';

3. 已知 $y=e^{5x+2}$,求 dy;

4. 已知 $y=\ln[\ln(1+x^2)]$,求 y'.

三、求函数的不定积分或定积分(每题 5 分,共 20 分)

1. $\int(x^3+1-e^x)dx$;

2. $\int\frac{1}{4x+7}dx$;

3. $\int\frac{x^2}{1+x^2}dx$;

4. $\int x\cos x dx$.

四、应用题(每题 8 分,共 24 分)

1. 求下列函数的单调区间,极值,拐点并求出凹向区间

$$f(x)=\frac{x^3}{3}-x^2+1$$

2. 把 60 m 长的栅栏沿河边围成一矩形场地,临河一面用双层栅栏,欲使所围地面面积最大,试求矩形的长和宽各等于多少?

3. 求:由 $y=x^2$,$x=y^2$ 所围成的图形面积和旋转体的体积.

总自测题二

一、填空题(每空 3 分,共计 36 分)

1. 设函数 $f(x)=\dfrac{x}{1+x}$,则 $f\left(\dfrac{1}{2}\right)=$________________.

2. 函数 $y=\sqrt{1-x}$ 的定义域是____________________.

3. 函数 $y=\tan^2(1-2x)$ 的复合过程是____________________.

4. 已知 $y=e^{-x}$,则 $y'=$________________.

5. 曲线 $y=4-2x-2x^2$ 在点$(-1,4)$处的切线斜率为________________.

6. 函数 $f(x)=x-2\sqrt{x}$,在$[0,4]$上的最小值为________________.

7. $dx=$____________ $d(3x-1)$.

8. $d\int f(x)dx=$________________.

9. $\int e^{2x}dx=$____________________.

10. 在利用第二换元积分时,如果积分 $\int\dfrac{1}{\sqrt{x}+\sqrt[3]{x}}dx$,应该令________________ $=t$.

11. 比较积分值大小 $\int_0^1 x^3dx$ ________________ $\int_0^1 x^2dx$.

12. 用定积分表示 $y=x^2$,$x=3$,$x=4$,$y=0$ 围成的图形的面积________________.

二、求下列函数的导数或微分(每小题 5 分,共计 20 分)

1. 已知:$y=x(x^3+3)$,求:y';

2. 已知 $y=\arctan\sqrt{x}$,求:y';

3. 已知 $y=\ln(x^2+2)$,求:dy;

4. 已知:$y=\sin(1+xe^x)$,求:y'.

三、求函数的不定积分或定积分(每题 5 分,共 20 分)

1. $\int(x^2+2-\sin x)dx$;

2. $\int\dfrac{1}{2x+3}dx$;

3. $\int_2^3\dfrac{x}{1+x}dx$;

4. $\int x\ln x dx$.

四、应用题(每题 8 分,共 24 分)

1. 求下列函数的单调区间,极值,拐点并求出凹向区间

$$f(x)=3x^2-x^3$$

2. 隧道截面是矩形加半圆,周长是 15 m,问矩形的底边是多少时截面面积最大?

3. 求:由 $y=e^x$,$y=e$ 所围成的图形面积,并求该图形绕 x 轴旋转的旋转体的体积.

总自测题三

一、填空题(每空 3 分,共计 36 分)

1. 函数 $y=\sqrt{x-6}$ 的定义域用区间表示是________________.

2. 已知函数 $f(x)=\dfrac{2x-1}{2x+1}$,则 $f(-2)=$________________.

3. 函数 $y=\ln\sqrt{1+x^2}$ 的复合过程是________________.

4. 曲线 $y=\ln x$ 在点 $x=\dfrac{1}{2}$ 处的切线斜率 $k=$________________.

5. 已知函数 $f(x)=\sqrt{x}$,则 $f'\left(\dfrac{1}{4}\right)=$________________.

6. $\mathrm{d}(\sin 2x)=$________________.

7. 函数 $y=$________________的导数等于本身.

8. $y=\mathrm{e}^{3x}$ 的一个原函数是________________.

9. $\mathrm{d}x=$________________ $\mathrm{d}(ax+b)$.

10. 若 $\int_0^2 (kx+1)=8$,则 $k=$ ________________.

11. $\int_{-1}^{1}|x|\,\mathrm{d}x=$ ________________.

12. 比较大小:$\int_0^1 x^2\,\mathrm{d}x$ ____________ $\int_0^1 x\,\mathrm{d}x$.

二、求下列函数的导数(每小题 5 分,共计 20 分)

1. 已知 $y=\sqrt{x}(x^2-1)$,求:y';

2. $y=\ln\ln x$,求:y';

3. $y=(1+x^2)\arctan x$,求:y';

4. 已知 $y=\mathrm{e}^{\sin\frac{1}{x}}$,求:$y'$.

三、求下列函数的积分(每题 5 分,共 20 分)

1. $\int \dfrac{x^3+3x-1}{x}\mathrm{d}x$;

2. $\int \cos 5x\,\mathrm{d}x$;

3. $\int \dfrac{1}{x^2(x^2+1)}\mathrm{d}x$;

4. $\int x^5 \ln x\,\mathrm{d}x$.

四、应用题(每题 8 分,共 24 分)

1. 求下列函数的单调区间,极值,拐点并求出凹向区间

$$f(x)=2x^3-6x+14$$

2. 欲做容积为 300 m^3 的无盖圆柱形蓄水池,已知池底单位面积造价为周围单位面积造价的 2 倍,问怎样设计可使总造价最低?

3. 求:由抛物线 $y=x^2$ 与直线 $y=x+2$ 所围成的图形的面积.

附录1 常用函数

函数		定义域和值域	图像	特性
幂函数	$y=x$	$x\in(-\infty,+\infty)$ $y\in(-\infty,+\infty)$	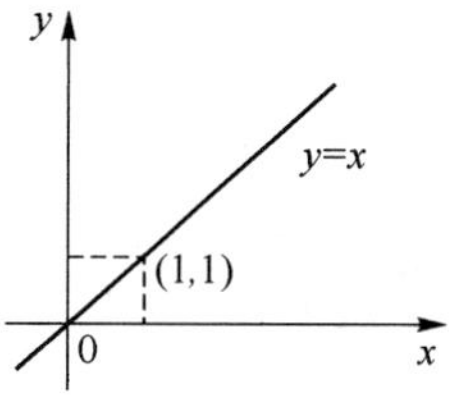	奇函数 单调递增
	$y=x^2$	$x\in(-\infty,+\infty)$ $y\in[0,+\infty)$	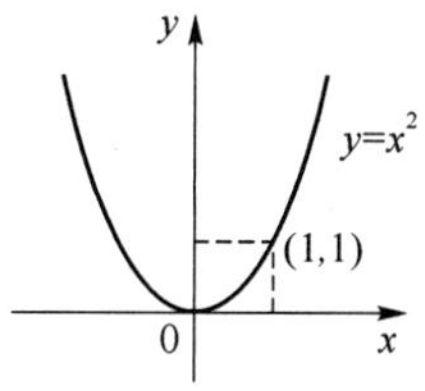	偶函数 $(-\infty,0)$内单调递减 $(0,+\infty)$内单调递增
	$y=x^3$	$x\in(-\infty,+\infty)$ $y\in(-\infty,+\infty)$	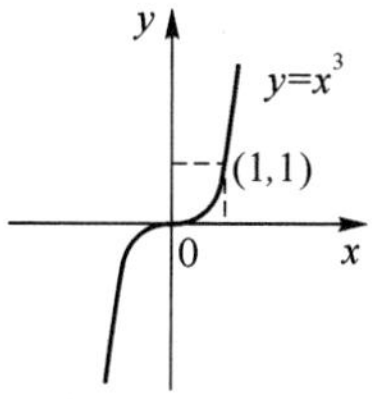	奇函数 单调递增
	$y=x^{-1}$	$x\in(-\infty,0)\cup(0,+\infty)$ $y\in(-\infty,0\cup(0,+\infty)$	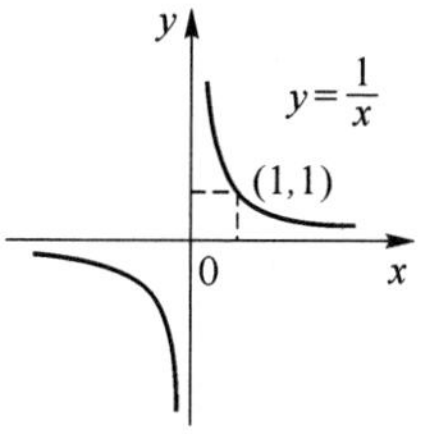	奇函数 在$(-\infty,0)$单调递减 在$(0,+\infty)$单调递减
	$y=x^{\frac{1}{2}}$	$x\in[0,+\infty)$ $y\in[0,+\infty)$	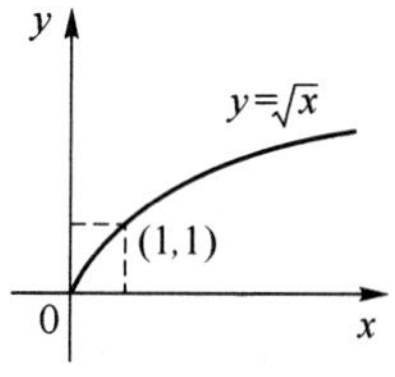	单调递增

续 表

函数		定义域和值域	图像	特性
指数函数	$y=a^x$ $(a>1)$	$x\in(-\infty,+\infty)$ $y\in(0,+\infty)$		单调递增
	$y=a^x$ $(0<a<1)$	$x\in(-\infty,+\infty)$ $y\in(0,+\infty)$		单调递减
对数函数	$y=\log_a x$ $(a>1)$	$x\in(0,+\infty)$ $y\in(-\infty,+\infty)$		单调递增
	$y=\log_a x$ $(0<a<1)$	$x\in(0,+\infty)$ $y\in(-\infty,+\infty)$		单调递减
三角函数	$y=\sin x$	$x\in(-\infty,+\infty)$ $y\in[-1,1]$		奇函数 周期 2π 有界
	$y=\cos x$	$x\in(-\infty,+\infty)$ $y\in[-1,1]$		奇函数 周期 2π 有界
	$y=\tan x$	$x\neq k\pi+\frac{\pi}{2}(x\in Z)$ $y\in(-\infty,+\infty)$		奇函数 周期 π 无界
	$y=\cot x$	$x\neq k\pi(k\in Z)$ $y\in(-\infty,+\infty)$		奇函数 周期 π 无界

续 表

函数		定义域和值域	图像	特性
反三角函数	$y=\arcsin x$	$x\in[-1,1]$ $y\in\left[-\frac{\pi}{2},\frac{\pi}{2}\right]$	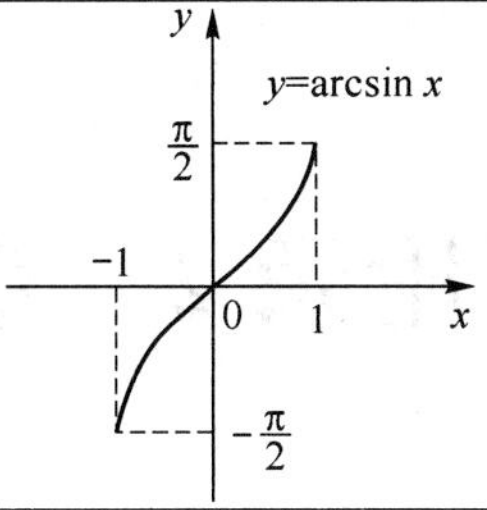	奇函数 单调递增 有界
	$y=\arccos x$	$x\in[-1,1]$ $y\in[0,\pi]$	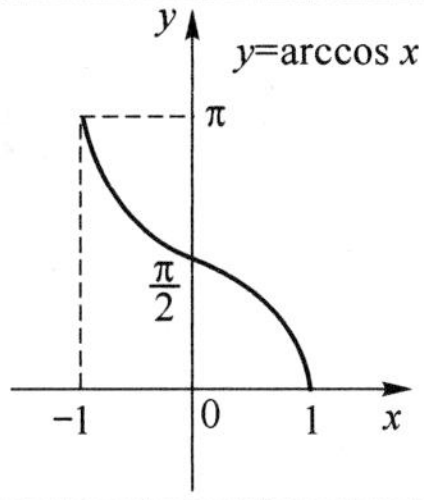	单调递减 有界
	$y=\arctan x$	$x\in(-\infty,+\infty)$ $y\in\left(-\frac{\pi}{2},\frac{\pi}{2}\right)$	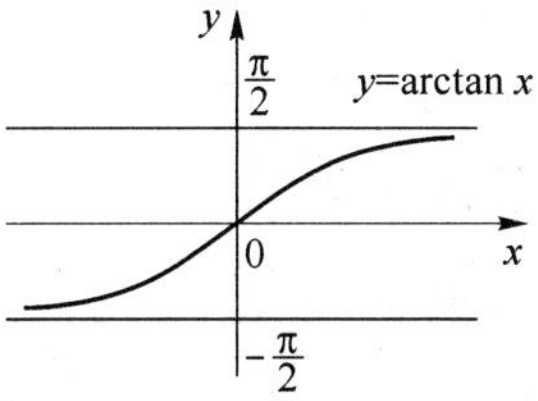	奇函数 单调递增 有界
	$y=\text{arccot}\, x$	$x\in(-\infty,+\infty)$ $y\in(0,\pi)$	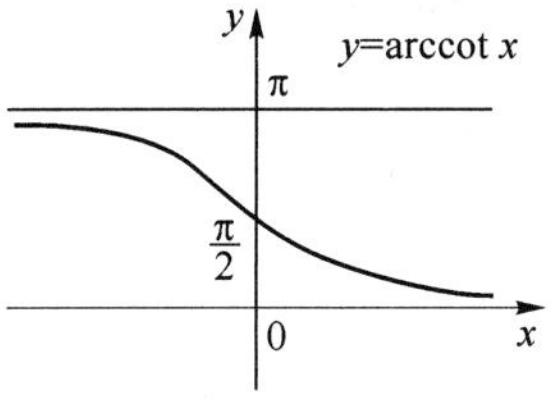	单调递减 有界

附录2　章节习题答案

第1章

习题1-1

1. (1) $x=\frac{1}{5}$；　(2) $x=\frac{7}{4}$.

2. (1) $x_1=-2\sqrt{2}, x_2=2\sqrt{2}$；　(2) $x_1=x_2=3$；

   (3) $x_1=1, x_2=3$；　(4) $x_1=-\frac{1}{2}, x_2=\frac{5}{2}$.

3. (1) $x_1=2-\sqrt{5}, x_2=2+\sqrt{5}$；　(2) $x_1=-\frac{2}{3}, x_2=\frac{1}{2}$；

   (3) $x_1=-1, x_2=\frac{7}{3}$；　(4) $x_1=\frac{3}{4}(1-\sqrt{17}), x_2=\frac{3}{4}(1+\sqrt{17})$.

4. (1) $x_1=-\frac{1}{3}, x_2=\frac{5}{2}$；　(2) $x_1=-\frac{7}{3}, x_2=1$；

   (3) $x_1=\sqrt{6}-2\sqrt{2}, x_2=\sqrt{6}+2\sqrt{2}$；　(4) $x_1=-2+\sqrt{3}, x_2=3+\sqrt{3}$.

5. (1) $x_1=-1-\sqrt{2}, x_2=-1+\sqrt{2}$；　(2) $x_1=-2, x_2=0$；

   (3) $x_1=0, x_2=6$；　(4) $x_1=-\frac{3}{2}, x_2=6$.

6. (1) $x_1=-1, x_2=\frac{5}{6}$；　(2) $x_1=-\frac{3\sqrt{3}}{2}, x_2=\sqrt{3}$；

   (3) $x_1=-10, x_2=-5$；　(4) $x_1=\frac{1}{2}, x_2=2$；

   (5) $x_1=-3, x_2=2$；　(6) $x_1=0, x_2=6$；

   (7) $x_1=0, x_2=\frac{1}{2}$；　(8) $x_1=\frac{1}{2}, x_2=5$.

习题1-2

1. (1) $[-2,3]$；　(2) $(-2,2)$；　(3) $[-2,3)$；　(4) $(-2,3]$；

   (5) $(-\infty,-3]$；　(6) $(-\infty,-3)$；　(7) $[3,+\infty)$；　(8) $(3,+\infty)$.

2. (1) $[-4,4]$;　(2) $(-\infty,-1)\cup(1,+\infty)$;

(3) $[-4,6]$;　(4) $(-\infty,-\frac{5}{2})\cup(\frac{1}{2},+\infty)$;

(5) $(-\infty,-1)\cup(2,+\infty)$;　(6) $(-\infty,-3]\cup[-2,+\infty)$;

(7) $(-2,6)$;　(8) $[-2,3]$;

(9) $(-4,0)\cup(5,+\infty)$;　(10) $(-\infty,-1)\cup(3,4)\cup\{2\}$.

习题 1-3

1. (1) $\sqrt[3]{9}=9^{\frac{1}{3}}$;　(2) $\sqrt{\frac{3}{2}}=(\frac{3}{2})^{\frac{1}{2}}$;　(3) $\frac{1}{\sqrt[7]{a^4}}=a^{-\frac{4}{7}}$;　(4) $\sqrt[4]{4.3^5}=4.3^{\frac{5}{4}}$.

2. (1) $4^{-\frac{3}{5}}=\frac{1}{\sqrt[5]{4^3}}$;　(2) $3^{\frac{3}{2}}=\sqrt{3^3}$;　(3) $(-8)^{-\frac{2}{5}}=\frac{1}{\sqrt[5]{(-8)^2}}$;　(4) $2^{\frac{3}{4}}=\sqrt[4]{2^3}$.

3. (1) $3^{\frac{23}{12}}$;　(2) 2^8.

4. (1) $a^{\frac{5}{3}}$;　(2) 2^4b^4;　(3) $a^{-\frac{3}{2}}b^{\frac{1}{6}}$.

第 2 章

习题 2-1

1. (1) 不同,定义域不同;　(2) 不同,定义域不同;

(3) 不同,定义域不同;　(4) 相同,定义域和对应关系相同.

2. (1) $(-\infty,0)\cup(0,+\infty)$;　(2) $(-\infty,1]\cup[2,+\infty)$;

(3) $(-2,-1]\cup(3,+\infty)$;　(4) $[-4,4]$;

(5) $(2,+\infty)$;　(6) $(2k\pi,(2k+1)\pi)k\in\mathbf{Z}$.

3. $[-2,2]$;ϕ.

4. (1) $y=\frac{1-x}{1+x}$;　(2) $y=-1-\sqrt{1-x}$;

(3) $y=\frac{1}{2}\arcsin x,y=\frac{\pi}{2}-\frac{1}{2}\arcsin x$;　(4) $y=2\arctan\frac{x}{3}$.

5. (1) $\frac{\pi}{6}$;　(2) $\frac{\pi}{4}$;　(3) $-\frac{\pi}{3}$;

(4) π;　(5) $\frac{\pi}{6}$;　(6) $\frac{\pi}{3}$.

6. $y=\sqrt{x^2+1}$.

7. $y=\sin^2\frac{1}{\sqrt{x^2+1}}$.

8. (1) $y=u^2,u=\sin v,v=5x$;　(2) $y=5^u,u=v^3,v=2x-1$;

(3) $y=\cos u, u=\sqrt{v}, v=1+2x$；　(4) $y=\sqrt{u}, u=\log_a v, v=\frac{1}{x^2}$；

(5) $y=\ln u, u=\sin v, v=e^t, t=x+1$；　(6) $y=\sqrt[3]{u}, u=\lg v, v=\cos x$；

(7) $y=\arccos u, u=1-x^2$；　(8) $y=\ln u, u=\tan v, v=e^t, t=x^2+\sin x$.

9. $V=x(a-2x)^2$,定义域为$\left(0,\frac{a}{2}\right)$.

10. $V=\frac{\pi R^2 h^3}{3H^2}$,定义域为$[0,H]$.

11. $s=\left(1+\frac{\pi}{4}\right)x+\frac{2A}{x}(x>0)$.

习题 2-2

1. (1) 0；(2) 0；(3) 1；(4) 0；(5) 2；(6) -2.

2. $\lim\limits_{x\to 1^-} f(x)=2$; $\lim\limits_{x\to 1^+} f(x)=2$; $\lim\limits_{x\to 1} f(x)=2$.

3. $\lim\limits_{x\to 0} f(x)=0$; $\lim\limits_{x\to 1} f(x)=3$.

4. $\lim\limits_{x\to 0^-} f(x)=2$; $\lim\limits_{x\to 0^+} f(x)=1$; $\lim\limits_{x\to 0} f(x)$不存在.

$\lim\limits_{x\to 1^+} f(x)=2$; $\lim\limits_{x\to 1^+} f(x)=2$; $\lim\limits_{x\to 1} f(x)=2$.

5. $k=0$.

6. 略.

习题 2-3

1. (1) 2；　(2) 4；　(3) -4；　(4) 4；

(5) $\frac{2}{3}$；　(6) 0；　(7) $\frac{1}{2}$；　(8) $3x^2$.

2. (1) $\frac{1}{2}$；　(2) 0；　(3) 0；　(4) $\frac{4}{3}$；

(5) 2；　(6) 1；　(7) 1；　(8) 3.

3. (1) $\frac{1}{2\sqrt{x}}$；　(2) -2；　(3) 0；　(4) $\frac{1}{2}$；

(5) $\frac{1}{2}$；　(6) -1；　(7) 1；　(8) 1.

习题 2-4

1. (1) $\Delta x=1, \Delta y=17$；

(2) $\Delta x=-1, \Delta y=-5$；

(3) $\Delta x=\Delta x, \Delta y=10\Delta x+6(\Delta x)^2+(\Delta x)^3$.

2. 在点 $x=0$ 连续.

3. 在点 $x=\frac{1}{2}$ 连续；在点 $x=1$ 不连续；在点 $x=2$ 连续.

4. 在点 $x=0$ 不连续.

5. 连续区间为 $(-\infty,-3)\cup(-3,2)\cup(2,+\infty)$；

$$\lim_{x\to 0} f(x)=\frac{1}{2};\lim_{x\to 2} f(x)=\infty;\lim_{x\to -3} f(x)=-\frac{8}{5}.$$

6. (1) $\sqrt{5}$；　(2) $-\frac{e^{-2}+1}{2}$；　(3) $-\frac{\sqrt{2}}{2}$；

(4) $-\frac{\sqrt{2}}{2}$；　(5) $\frac{1}{2}$；　(6) $\frac{1}{20}$.

复习题二

1. (1) 0；　(2) $y=\sqrt[5]{u},u=\ln v,v=t^3,t=\sin x$；　(3) $\frac{1}{2}$.

2. (1) B；　(2) B；　(3) D.

3. (1) $(2,3)$；　(2) R；　(3) $[-4,-\pi]\cup[0,\pi]$；　(4) $(0,1)\cup(1,+\infty)$.

4. (1) $\frac{4}{3}$；　(2) $\frac{3}{10}$；　(3) $-\frac{3}{4}$；　(4) 0；

(5) ∞；　(6) $-\frac{1}{64}$；　(7) $\frac{4}{3}$；　(8) 0；

(9) $-\frac{\sqrt{2}}{4}$；　(10) 1；　(11) $\frac{a}{2}$；　(12) 2.

5. $\lim\limits_{x\to 1^+} f(x)=2$；$\lim\limits_{x\to 1^-} f(x)=-2$，极限不存在.

6. (1) $(0,2]$；

(2) $x=1$ 处不连续.

7. (1) $\lim\limits_{x\to 1^-} f(x)=2$；$\lim\limits_{x\to 1^+} f(x)=2$；$\lim\limits_{x\to 1} f(x)=2$；

(2) $f(1)=2$，连续；

(3) $(0,2)$.

第 3 章

习题 3-1

1. (1) $y'=6x,y'|_{x=-3}=-18$；　(2) $y'=-4x,y'|_{x=2}=-8$.

2. (1) $2f'(x_0)$；　(2) $f'(x_0)$.

3. (1) $-\frac{\sqrt{x}}{2x^2}$；　(2) $-\frac{3}{x^4}$；

(3) $\frac{3}{2}\sqrt{x}$；　(4) $\frac{9}{4}x\sqrt[4]{x}$.

4. $f'\left(\frac{\pi}{6}\right)=-\frac{1}{2}, f'\left(\frac{\pi}{3}\right)=-\frac{\sqrt{3}}{2}$.

5. 切线方程:$x-y-1=0$,法线方程:$x+y-1=0$.

6. 斜率 $k=\frac{\sqrt{2}}{2}$,切线方程:$4x-4\sqrt{2}y+4-\pi=0$,

法线方程:$4x+2\sqrt{2}y-2-\pi=0$.

7. $(4,8)$.

8. $(2,4)$.

9. 在 $x=0$ 处连续,不可导.

习题 3-2

1. (1) $9x^2+\frac{3}{x^4}$;　(2) $15x^{\frac{3}{2}}+6x^{\frac{1}{2}}+1$;

(3) $-2\sin x-7$;　(4) $-\frac{2}{x^3}$;

(5) $\frac{5}{2}x^{\frac{3}{2}}+6x$;　(6) $\sqrt{x}\left(\frac{9}{2}+\frac{7}{2x}+\frac{1}{2x^2}\right)$;

(7) $\frac{x\cos x-\sin x-2}{x^2}$;　(8) $(6x+2)\sin x+(3x^2+2x-1)\cos x$;

(9) $3x^2+6x+2$;　(10) $10x^9+\frac{1}{x}$;

(11) $2x\arcsin x+\frac{x^2}{\sqrt{1-x^2}}$;　(12) $\frac{1}{2\sqrt{x}}\arctan x+\frac{\sqrt{x}}{1+x^2}$;

(13) $\frac{x\sec^2 x-\tan x}{x^2}$;　(14) $\frac{\sqrt{x}}{2x^2}+\frac{\sqrt{x}}{2x}+\frac{1}{x}$;

(15) $\left(1+\frac{1}{x^2}\right)+\left(1-\frac{1}{x^2}\right)\ln x$;　(16) $\frac{2}{1-\sin 2x}$;

(17) $e^x(\sin x+\cos x)$;　(18) $-\frac{2}{x(1+\ln x)^2}$.

2. (1) $f'(0)=1, f'(1)=-3$;

(2) $S'(0)=\frac{3}{25}, S'(2)=\frac{17}{15}$;

(3) $f'\left(\frac{\pi}{2}\right)=\frac{2}{\pi}-9, f'(\pi)=\frac{1}{\pi}-7$;

(4) $\varphi'(\pi)=6\pi-1; \varphi'(-\pi)=-6\pi-1$.

3. 切线方程:$2x+y-3=0$.

4. $(0,0)$;$\left(-\frac{\pi}{2},-1\right)$,$\left(\frac{\pi}{2},1\right)$.

5. (1) $y=\ln u, u=1-x, y'=\frac{1}{x-1}$;

(2) $y=u^2, u=\sin x, y'=\sin 2x$;

(3) $y=3\sin y, u=3x+5, y'=9\cos(3x+5)$;

(4) $y=\sqrt{u}, u=1+x^2, y'=\dfrac{x}{\sqrt{1+x^2}}$;

(5) $y=\tan u, u=\dfrac{x}{2}+1, y'=\dfrac{1}{2}\sec^2(\dfrac{x}{2}+1)$;

(6) $y=u^5, u=x^2+4x-7, y'=10(x+2)(x^2+4x-7)^4$.

6. (1) $\dfrac{3}{2\sqrt{3x+4}}$;

(2) $60x(3x^2+1)^9$;

(3) $-10\sin\left(5x+\dfrac{\pi}{4}\right)$;

(4) $\cot x$;

(5) $\dfrac{2x^2-x+1}{\sqrt{x^2+1}}$;

(6) $\dfrac{2x^2-a^2}{2\sqrt{x^2-a^2}}$;

(7) $-6x\sin(x^2-1)\cos^2(x^2-1)$;

(8) $\dfrac{\sin 3x}{x}+3\ln 2x\cos 3x$;

(9) $3a^{3x+2}\ln a$;

(10) $2(1+x)5^{x^2+2x}\ln 5$;

(11) $\dfrac{1}{1-x^2}$;

(12) $\dfrac{1}{1+e^x}$;

(13) $\dfrac{\cos x}{2\sqrt{\sin x-\sin^2 x}}$;

(14) $-\dfrac{2}{\sqrt{1-x^2}}\arccos x$;

(15) $\dfrac{1}{x\ln x\ln(\ln x)}$;

(16) $-\dfrac{x}{\sqrt{1-x^2}}\arccos x-1$.

7. (1) $y'|_{x=1}=\dfrac{4}{3}$;

(2) $y'|_{x=0}=0$;

(3) $y'|_{x=\frac{\pi}{6}}=\dfrac{4\sqrt{3}}{3}$;

(4) $y'|_{x=1}=\dfrac{9}{4}$.

8. 切线方程:$x+y+e^{-2}=0$.

习题 3-3

1. (1) $y''=20x^3+12x+2$;

(2) $y''=12(x+3)^2$;

(3) $y'=e^x-\dfrac{1}{x^2}$;

(4) $y''=-a^2\sin ax-b^2\cos bx$;

(5) $y''=-\dfrac{2(1+x^2)}{(1-x^2)^2}$;

(6) $y''=2xe^{x^2}(3+2x^2)$;

(7) $y''=2\arctan x+\dfrac{2x}{1+x^2}$;

(8) $y''=-\dfrac{x}{(1+x^2)\sqrt{1+x^2}}$.

2. (1) $y^{(n)}=(-1)^n\dfrac{2n!}{(1+x)^{n+1}}$;

(2) $y^{(n)}=(-1)^n\dfrac{(n-2)!}{x^{n-1}}(n\geqslant 2)$;

(3) $y^{(n)}=4e^{2x}(n+2x)$;

(4) $y^{(n)}=\cos\left(x+\dfrac{n\pi}{2}\right)$.

3. (1) $v|_{t=3}=\dfrac{8}{9}, a|_{t=3}=\dfrac{2}{27}$;

(2) $v|_{t=1}=0, a|_{t=1}=-\dfrac{\pi^2}{18}$.

习题 3-4

1. 当 $\Delta x=1$ 时，$\Delta y=18$，$dy=11$；
   当 $\Delta x=0.1$ 时，$\Delta y=1.26$，$dy=1.1$；
   当 $\Delta x=0.01$ 时，$\Delta y=0.1206$，$dy=0.11$.

2. (1) $dy=\left(-\frac{1}{x^2}+\frac{\sqrt{x}}{x}\right)dx$； (2) $dy=(\sin 2x+2x\cos 2x)dx$；
   (3) $dy=e^{-x^2}(1-2x^2)dx$； (4) $dy=\frac{2\ln(1-x)}{x-1}dx$；
   (5) $dy=\frac{2x}{1+x^4}dx$； (6) $dy=8x\tan(1+2x^2)\sec(1+2x^2)dx$；
   (7) $dy=e^{-x}[\sin(3-x)-\cos(3-x)]dx$； (8) $dy=-3^{\ln\cos x}\tan x\ln 3dx$.

3. (1) $2x+C$； (2) $\frac{3}{2}x^2+C$；
   (3) $\sin x+C$； (4) $-\frac{1}{\omega}\cos\omega x+C$；
   (5) $-\frac{1}{2}e^{-2x}+C$； (6) $2\sqrt{x}+C$；
   (7) $\frac{1}{3}\tan 3x+C$； (8) $\sqrt{1+x^2}+C$.

4. (1) 0.871 776； (2) −0.965 09；
   (3) 0.100 05； (4) 2.745 5.

5. $2\pi R_0 h$.

6. 0.033 55(克).

复习题三

1. (1) 平均变化率，变化率； (2) $3f'(x_0)$； (3) $f'(x)$；
   (4) 前者是函数，后者是函数值，后者是前者在点 $x=x_0$ 处的函数值；
   (5) e^x； (6) 必要条件，连续，可导； (7) $3(1+e^3)$； (8) $x>0$.

2. (1) B (2) A (3) B (4) B

3. (1) 连续、不可导； (2) 连续且可导.

4. $a=1,b=-1$.

5. (1) $2-\frac{1}{2x\sqrt{x}}+\frac{1}{x^2}$； (2) $\frac{2x-x^4}{(1+x^3)^2}$；
   (3) $3\cos 3x\cos 2x-2\sin 3x\sin 2x$； (4) $-3\cos^2 x\sin x+3\sin 3x$；
   (5) $-5\sin 5x\sin(2\cos 5x)$； (6) $\frac{\sec^2\frac{x}{2}}{4\sqrt{\tan\frac{x}{2}}}$；
   (7) $\frac{2x}{\sqrt{1-x^4}}$； (8) $\frac{1}{2}\left(\frac{\sqrt{t}\arccos\sqrt{t}}{t}-\frac{1}{\sqrt{1-t}}\right)$；

(9) $e^{ax}[(a+b)\cos bx+(a-b)\sin bx]$;　(10) $e^{\sin x}\cos x$;

(11) $\dfrac{1}{t^2-1}$;　(12) $\dfrac{2}{\sin 2x}+\cot x$;

(13) $x^{\frac{1}{x}}\dfrac{1}{x^2}(1-\ln x)$;　(14) $\left(\dfrac{x}{1+x}\right)^x\left(\ln\dfrac{x}{1+x}+\dfrac{1}{1+x}\right)$;

(15) $\sqrt{2}\sin(\ln x)$;　(16) $\arcsin(\ln x)+\dfrac{1}{\sqrt{1-\ln^2 x}}$.

6. (1) $(20\ln x+9)x^3$;　(2) $(1-x^2)\sin x+4x\cos x$;

(3) $2\arctan x+\dfrac{2x}{1+x^2}$;　(4) $2xe^{x^2}(3+2x)$.

7. (1) $\left(7x^{\frac{5}{2}}-\dfrac{15}{2}x^{\frac{3}{2}}+4x-3+\dfrac{3}{2}x^{-\frac{1}{2}}-3x^{-2}\right)dx$;

(2) $(x^2+1)^{-\frac{3}{2}}dx$;

(3) $x(x+2)e^x dx$;

(4) $\dfrac{e^x}{1+e^{2x}}dx$;

(5) $-6x\sin x^2\cos x^2 dx$;

(6) $-\dfrac{2x}{1+x^4}dx$.

8. (1) 约 1.006 7;(2) 0.857 3;(3) −0.000 87;(4) 0.002.

9. $a=\dfrac{1}{2},b=1,c=1$.

10. 约 43.63 cm^2;约 0.416 7 cm.

第 4 章

习题 4-1

1. (1) 1;　(2) 2;　(3) $\cos a$;　(4) $-\dfrac{3}{5}$;

(5) 1;　(6) 0;　(7) $-\dfrac{1}{8}$;　(8) $\dfrac{m}{n}a^{m-n}$;

(9) 1;　(10) 1;　(11) $\dfrac{1}{2}$;　(12) ∞;

(13) $-\dfrac{1}{2}$;　(14) $\dfrac{1}{2}$.

2. (1) 存在,0;(2) 不能,因为它不属于$\dfrac{0}{0}$或$\dfrac{\infty}{\infty}$未定型.

习题 4-2

1. 单调减少.

2. 单调增加.

3. (1) 单调递增区间:$(-\infty,-1]$、$[3,+\infty)$,单调递减区间:$[-1,3]$;

(2) 单调递增区间:$[2,+\infty)$,单调递减区间:$(0,2]$;

(3) 单调递增区间:$(-2,0)$、$(2,+\infty)$,单调递减区间:$(-\infty,-2)$、$(0,2)$;

(4) 单调递增区间:$\left(\frac{1}{2},+\infty\right)$,单调递减区间:$(0,\frac{1}{2})$;

(5) 单调递增区间:$(-\infty,0)$,单调递减区间:$(0,+\infty)$;

(6) 单调递增区间:$(0,+\infty)$,单调递减区间:$(-\infty,0)$.

4. (1) $x=-1$ 为极大值点,极大值为$\frac{1}{2}$;$x=0$ 为极小值点,极小值为 0;$x=1$ 为极大值点,极大值为$\frac{1}{2}$;

(2) $x=-1$,为极大值点,极大值为 17;$x=3$ 为极小值点,极小值为-47;

(3) $x=0$ 为极小值点,极小值为 0;

(4) $x=\frac{3}{4}$为极大值点,极大值为$\frac{5}{4}$;

(5) $x=\mathrm{e}^{-\frac{1}{2}}$为极小值点,极小值为$-\frac{1}{2\mathrm{e}}$;

(6) $x=-\frac{1}{2}\ln 2$ 为极小值点,极小值为 $2\sqrt{2}$;

(7) $x=1$ 为极大值点,极大值为 1;$x=-1$ 为极小值点,极小值为-1;

(8) $x=1$ 为极大值点,极大值为 2;

(9) 无极值点和极值;

(10) 无极值点和极值.

5. $x=\pi$ 时取得极大值,极大值为$\frac{3}{2}$.

6. $x=\frac{\pi}{4}$时取得极大值,极大值为$\sqrt{2}$;$x=\frac{5}{4}\pi$ 时取得极小值,极小值为$-\sqrt{2}$.

7. $a=-\frac{1}{27},b=0,c=1,d=4$.

习题 4-3

1. (1) 最大值 $f(4)=80$,最小值 $f(-1)=-5$;

(2) 最大值 $f(3)=11$,最小值 $f(2)=-14$;

(3) 最大值 $f(-1)=3$,最小值 $f(1)=1$;

(4) 最大值 $f(4)=\frac{3}{5}$,最小值 $f(0)=-1$;

(5) 最大值 $f\left(-\frac{\pi}{2}\right)=\frac{\pi}{2}$,最小值 $f\left(\frac{\pi}{2}\right)=-\frac{\pi}{2}$.

2. 当 $x=1$ 时,函数有最大值$\frac{1}{2}$.

3. 当 $x=-3$ 时,函数有最小值 27.

4. 用长为 $\frac{24\pi}{\pi+4}$ cm 的一段做圆，长为 $\frac{96}{\pi+4}$ cm 的一段做正方形.

5. 洞底宽为 $\frac{30}{\pi+4}$ m 时，截面的面积最大.

6. 小正方形的边长为 $\frac{10-2\sqrt{7}}{3}$ cm 时，纸盒的容积最大.

7. 变压器设在距 A 点 1.2 km 处，所用电线最短.

习题 4-4

1. (1) 在区间 $(-\infty,+\infty)$ 内，曲线下凹；
   (2) 在区间 $(0,+\infty)$ 内，曲线上凹；
   (3) 在区间 $(0,+\infty)$ 内，曲线下凹；
   (4) 在区间 $(-\infty,2)$ 内，曲线下凹；在区间 $(2,+\infty)$ 内，曲线上凹.

2. (1) $\left(-\infty,-\frac{1}{2}\right)$ 为下凹区间；$\left(-\frac{1}{2},+\infty\right)$ 为上凹区间，拐点是 $\left(-\frac{1}{2},2\right)$；
   (2) $(-\infty,0)$、$\left(\frac{2}{3},+\infty\right)$ 为上凹区间；$\left(0,\frac{2}{3}\right)$ 为下凹区间，拐点是 $(0,1)$、$\left(\frac{2}{3},\frac{11}{27}\right)$；
   (3) $(-\infty,-1)$、$(1,+\infty)$ 为下凹区间；$(-1,1)$ 为上凹区间，拐点是 $(-1,\ln 2)$、$(1,\ln 2)$；
   (4) $\left(-\infty,-\frac{\sqrt{2}}{2}\right)$、$\left(\frac{\sqrt{2}}{2},+\infty\right)$ 为上凹区间；$\left(-\frac{\sqrt{2}}{2},\frac{\sqrt{2}}{2}\right)$ 为下凹区间，拐点是 $\left(-\frac{\sqrt{2}}{2},e^{-\frac{1}{2}}\right)$、$\left(\frac{\sqrt{2}}{2},e^{-\frac{1}{2}}\right)$.

3. $a=3$ 区间 $(-\infty,1)$ 是下凹区间；$(1,+\infty)$ 为上凹区间，拐点是 $(1,-7)$.

4. $a=-\frac{3}{2}$，$b=-\frac{9}{2}$.

5. $a=3$，$b=-9$，$c=8$.

复习题四

1. (1) $x=1$，$(2,2)$；　(2) $p=2$；　(3) $a=3$；　(4) 上凹；　(5) 0；
   (6) 3；　(7) 最大值为 e，最小值为 0；　(8) 单调递减，上凹；　(9) 1.

2. (1) A；(2) A；(3) B；(4) B.

3. (1) 0；(2) 0；(3) $-\frac{\sqrt{2}}{4}$；(4) $\frac{2}{\pi}$.

4. (1) $(-\infty,-1)$，$(3,+\infty)$ 为函数的单调递增区间；$(-1,3)$ 为函数的单调递减区间；
   (2) $(0,+\infty)$ 为函数的单调递增区间；$(-1,0)$ 为函数的单调递减区间；
   (3) $\left(\frac{\pi}{3},\frac{5\pi}{3}\right)$ 为函数的单调递增区间；$\left(0,\frac{\pi}{3}\right)$，$\left(\frac{5\pi}{3},+\infty\right)$ 为函数的单调递减区间；
   (4) $(-\infty,-1)$ 为函数的单调递增区间；$(1,+\infty)$ 为函数的单调递减区间.

5. (1) 极大值 $f(0)=0$，极小值 $f(1)-1$；
   (2) 极大值 $f(e^2)=\frac{4}{e^2}$，极小值 $f(1)=0$；

(3) 极大值 $f(2)=2\sqrt{2}$；

(4) 无极值.

6. $a=-\frac{2}{3},b=-\frac{1}{5}$；当 $x=1$ 时取得极小值，$x=2$ 时取得极大值.

7. $a=2$；极大值 $f\left(\frac{\pi}{3}\right)=\sqrt{3}$.

8. (1) 最大值 $f(3)=11$，最小值 $f(2)=-14$；

(2) 最大值 $f(0)=66$，最小值 $f(2)=2$；

(3) 最大值 $f\left(\frac{3}{4}\right)=\frac{5}{4}$，最小值 $f(-5)=-5+\sqrt{6}$；

(4) 最大值 $f\left(\frac{\sqrt{2}}{2}\right)=\frac{1}{\sqrt{2e}}$，最小值 $f\left(-\frac{\sqrt{2}}{2}\right)=-\frac{1}{\sqrt{2e}}$.

9. 长为 18 m，宽为 12 m 时，用料最省.

10. 在距 B100 m 处挖掘，费用最省.

11. 上凹区间：$\left(-\infty,1-\frac{\sqrt{2}}{2}\right)$，$\left(1+\frac{\sqrt{2}}{2},+\infty\right)$；下凹区间：$\left(1-\frac{\sqrt{2}}{2},1+\frac{\sqrt{2}}{2}\right)$；

拐点为 $\left(1-\frac{\sqrt{2}}{2},\sqrt{e}\right)$，$\left(1+\frac{\sqrt{2}}{2},\sqrt{e}\right)$.

第 5 章

习题 5-1

1. (1) $A=\int_1^2 x^3\mathrm{d}x$； (2) $A=\int_1^e \ln x\mathrm{d}x$； (3) $A=\int_{-\frac{\pi}{2}}^{\frac{\pi}{2}}\cos x\mathrm{d}x$.

2. 略.

3. $S=\int_0^3(2t+1)\mathrm{d}t, S=12$.

习题 5-2

1. (1) $-\frac{1}{x}+C$；

(2) $\frac{2}{5}x^{\frac{5}{2}}+C$；

(3) $2\sqrt{x}+C$；

(4) $-\frac{2}{3}x^{-\frac{3}{2}}+C$；

(5) $\frac{x^3}{3}-\frac{3}{2}x^2+2x+C$；

(6) $10\ln|x|-\frac{1}{x^3}+C$；

(7) $2\sqrt{x}-\frac{4}{3}x^{\frac{3}{2}}+\frac{2}{5}x^{\frac{5}{2}}+C$；

(8) $x^3+\arctan x+C$；

(9) $x-\arctan x+C$；

(10) $2e^x+3\ln|x|+C$；

(11) $3\arctan x-2\arcsin x+C$；

(12) $e^x-2\sqrt{x}+C$；

(13) $\frac{(3e)^x}{1+\ln 3}+C$；

(14) $2x-5\left(\frac{2}{3}\right)^x\cdot\frac{1}{\ln\frac{2}{3}}+C$；

(15) $\frac{1}{2}x+\frac{1}{2}\sin x+C$；

(16) $\frac{1}{2}\tan x+C$；

(17) $\sin x-\cos x+C$；

(18) $-\cot x-\tan x+C$.

2. $y=\ln x+1$.

3. (1) 27 m；　(2) $\sqrt[3]{360}$.

习题 5-3

1. $-\frac{11}{6}$；　2. $4\sqrt{3}-\frac{10}{3}\sqrt{2}$；　3. 2；　4. $\frac{29}{6}$；

5. $3+\ln 2$；　6. $\frac{3}{2}$；　7. $\frac{\pi}{12}-\frac{\sqrt{3}}{3}+1$；　8. $3(e-1)$；

9. $\frac{1}{5}(e-1)^5$；　10. $e-\sqrt{e}$；　11. 2；　12. 4；

13. $\frac{2}{3}$；　14. $\frac{4\sqrt{3}}{3}$；　15. $-\frac{1}{3}$；　16. $\frac{2}{15}$；

17. $\frac{5}{2}$；　18. $\frac{1}{6}$.

习题 5-4

1. (1) $\frac{1}{a}$；(2) $\frac{1}{7}$；(3) $\frac{1}{2}$；(4) $\frac{1}{10}$；(5) $-\frac{1}{2}$；

(6) $\frac{1}{12}$；(7) $\frac{1}{2}$；(8) -2；(9) $-\frac{3}{2}$；(10) $\frac{1}{5}$.

2. (1) $2\sqrt{1+x}+C$；(2) $\frac{1}{5}e^{5x}+C$；(3) $-\sin(1-x)+C$；(4) $-\frac{1}{8}(3-2x)^4+C$；

(5) $-\frac{1}{2}\ln|1-2x|+C$;(6) $\frac{1}{2(1-2x)}+C$;(7) $\frac{2}{15}(7+5x)^{\frac{3}{2}}+C$;

(8) $-\frac{1}{3}\cos 3x+C$;(9) $e^{x}+e^{-x}+C$;(10) $\frac{1}{3}\arctan\frac{x}{3}+C$;

(11) $\frac{1}{6}\arctan\frac{2x}{3}+C$;(12) $\frac{1}{2}\ln(1+x^{2})+C$;(13) $\frac{1}{3}\ln|4+x^{3}|+C$;

(14) $\frac{1}{3}(2+x^{2})^{\frac{3}{2}}+C$;(15) $-\sqrt{1-x^{2}}+C$;(16) $\frac{1}{3}\ln|\sin 3t|+C$;

(17) $\frac{\ln^{2}x}{2}+C$;(18) $\frac{\sin^{4}x}{4}+C$;(19) $-\frac{1}{\cos x}+C$;

(20) $-2\cos\sqrt{x}+C$;(21) $\frac{1}{4}\arcsin x^{4}+C$;(22) $\frac{\sqrt{2}}{2}\arctan\frac{x+1}{\sqrt{2}}+C$;

(23) $\frac{1}{2}\ln\left|\frac{x+1}{x+3}\right|+C$;(24) $\frac{1}{2}\ln\left|\frac{x}{x+2}\right|+C$;(25) $\frac{1}{2}(x-1)^{2}+\ln|1+x|+C$;

(26) $\frac{1}{2}x+\frac{1}{2}\sin x+C$;(27) $-\cos x+\frac{1}{3}\cos^{3}x+C$;(28) $-x+\frac{1}{2}\ln\left|\frac{1+x}{1-x}\right|+C$.

3. (1) $\frac{3}{2}x^{\frac{2}{3}}-3x^{\frac{1}{3}}+3\ln|1+x^{\frac{1}{3}}|+C$;

(2) $x+\frac{6}{5}x^{\frac{5}{6}}+\frac{2}{3}x^{\frac{2}{3}}+2x^{\frac{1}{2}}+3x^{\frac{1}{3}}+6x^{\frac{1}{6}}+6\ln\left|\sqrt[6]{x}-1\right|+C$;

(3) $x-2\sqrt{1+x}+2\ln(1+\sqrt{1+x})+C$;

(4) $\frac{a^{2}}{2}\arcsin\frac{x}{a}-\frac{x}{2}\sqrt{a^{2}-x^{2}}+C$;

(5) $-\frac{x}{a^{2}\sqrt{x^{2}-a^{2}}}+C$;

(6) $\frac{1}{3}(x^{2}-2)\sqrt{1+x^{2}}+C$;

(7) $-\frac{1}{x}\sqrt{x^{2}+a^{2}}+2\ln(x+\sqrt{x^{2}+a^{2}})+C$;

(8) $\ln\left|\frac{1-\sqrt{1-x^{2}}}{x}\right|+C$.

4. (1) $\frac{\pi}{8}$;　(2) $2\sqrt{3}-2$;　(3) -1;　(4) 2;

(5) $\ln\frac{1+e}{2}$;　(6) $\frac{8}{3}$;　(7) $2-\frac{\pi}{2}$;　(8) π.

习题 5-5

1. (1) $-x\cos x+\sin x+C$;　(2) $xe^{x}-e^{x}+C$;

(3) $-\frac{1}{2}xe^{-2x}-\frac{1}{4}e^{-2x}+C$;　(4) $e^{3x}\left(\frac{1}{3}x^{2}-\frac{2}{9}x+\frac{2}{27}\right)+C$;

(5) $\left(\frac{1}{3}x^{2}-\frac{2}{27}\right)\sin 3x+\frac{2}{9}x\cos 3x+C$;　(6) $x\ln x-x+C$;

(7) $x\arctan x-\frac{1}{2}\ln(1+x^2)+C$;　(8) $\frac{1}{2}(x^2\arctan x-x+\arctan x)+C$;

(9) $x\ln(1+x^2)-2x+2\arctan x+C$;　(10) $x(\ln x)^2-2x\ln x+2x+C$;

(11) $\frac{1}{2}e^{-x}(\sin x-\cos x)+C$;　(12) $3e^{\sqrt[3]{x}}(\sqrt[3]{x^2}-2\sqrt[3]{x}+2)+C$.

2. (1) $\frac{1}{2}-\frac{1}{2}\ln 2$;(2) 1;(3) $\frac{\pi}{4}-\frac{1}{2}$;(4) $\frac{1}{2}(e^{\frac{\pi}{2}+1})$;(5) $-\frac{1}{2}$;(6) $2\ln 6-\ln 3-1$.

习题 5-6

1. (1) $\frac{3}{2}-\ln 2$;(2) $\frac{343}{6}$;(3) $\frac{8\sqrt{2}}{3}$;(4) $e+\frac{1}{e}-2$;(5) $\frac{2}{3}(2-\sqrt{2})$;(6) $\frac{32}{3}$.

2. $4\ln 2$.

3. $\frac{64}{3}$.

4. $\frac{9}{4}$.

5. $2\pi+\frac{4}{3}$, $6\pi-\frac{4}{3}$.

6. (1) 3π, $\frac{49}{5}\pi$;(2) $\frac{\pi}{7}$, $\frac{2}{5}\pi$;(3) $\frac{19}{48}\pi$, $\frac{7}{10}\pi$ 或 $\frac{45}{48}\pi$, $\frac{19}{30}\pi$.

复习题五

1. (1) 错;(2) 错;(3) 错.

2. (1) 错;(2) 对;(3) 对;(4) 错;(5) 对;(6) 错.

3. $y=x^3+1$.

4. (1) $\frac{1}{4}x^4+x^3+x+C$;　(2) $\frac{2}{7}x^{\frac{7}{2}}+C$;

(3) $\frac{2}{5}x^{\frac{5}{2}}+\frac{1}{2}x^2+6x^{\frac{1}{2}}+C$;　(4) $\frac{10^x}{\ln 10}-\cot x-x+C$;

(5) $\arctan x+\ln|x|+C$;　(6) $e^x-3\sin x+C$.

5. $c=0$, $c=\frac{3}{2}$.

6. -2.

7. (1) $\frac{1}{3}\ln|2+3x|+C$;　(2) $-\frac{1}{18}(5-x^2)^9+C$;

(3) $\frac{1}{217}(7x-6)^{31}+C$;　(4) $\arctan e^x+C$;

(5) $-\sin\frac{1}{x}+C$;　(6) $\frac{3}{2}\ln\left|\frac{1+x}{1-x}\right|+C$;

(7) $3\sin\frac{x}{3}+C$;　(8) $-\frac{1}{7}e^{-7x}+C$;

(9) $\frac{1}{6}\sin^6 x+C$;　　(10) $-e^{-\frac{x^2}{2}}+C$;

(11) $-\frac{1}{2\ln^2 x}+C$;　　(12) $-\frac{\sqrt{5-2x^2}}{2}+C$.

8. (1) $2\sqrt{x-3}-2\sqrt{3}\arctan\frac{\sqrt{x-3}}{\sqrt{3}}+C$;

(2) $2\sqrt{x}+3\sqrt[3]{x}+6\sqrt[6]{x}+6\ln\left|\sqrt[6]{x}-1\right|+C$;

(3) $2[\sqrt{x-1}-\ln(\sqrt{x-1}+1)]+C$;

(4) $\ln\frac{\sqrt{x}-1}{\sqrt{x}+1}+C$;

(5) $x-2\sqrt{1+x}+2\ln(\sqrt{1+x}+1)+C$;

(6) $\ln\left(\frac{\sqrt{e^x+1}-1}{\sqrt{e^x+1}+1}\right)+C$.

9. (1) $\frac{9}{2}\arcsin\frac{x}{3}+\frac{x\sqrt{9-x^2}}{2}+C$;

(2) $\frac{1}{16}\left(\arcsin\frac{\sqrt{x^2-4}}{x}+\frac{2\sqrt{x^2-4}}{x^2}\right)+C$;

(3) $\frac{1}{2}\left(\arcsin x-x\sqrt{1-x^2}\right)+C$;

(4) $-\frac{1}{3}(3-u^2)^{\frac{3}{2}}+C$;

(5) $\arctan\sqrt{x^2-1}+C$;

(6) $2\arcsin\frac{x}{2}-\frac{1}{2}\sin\left(4\arcsin\frac{x}{2}\right)+C$.

10. (1) $\frac{1}{3}x\sin 3x+\frac{1}{9}\cos 3x+C$;

(2) $\frac{1}{5}x^5\left(\ln x-\frac{1}{5}\right)+C$;

(3) $-\frac{1}{5}e^{-x}(\sin 2x+2\cos 2x)+C$;

(4) $x(\ln^2 x-2\ln x+2)+C$;

(5) $2\sqrt{x}\sin\sqrt{x}+2\cos\sqrt{x}+C$;

(6) $e^{\sqrt{x}}(2\sqrt{x^3}-6x+12\sqrt{x}-12)+C$;

(7) $\frac{1}{2}e^x(\sin x-\cos x)+C$;

(8) $x\arctan x-\frac{1}{2}\ln(1+x^2)+C$;

(9) $x\ln(x+\sqrt{1+x^2})-\sqrt{1+x^2}+C$;

(10) $(x+1)\arctan\sqrt{x}-\sqrt{x}+C$.

11. (1) $\frac{4}{3}$;(2) $\frac{125}{6}$;(3) 18;(4) 18.

12. $\frac{\pi}{5}$, $\frac{\pi}{2}$.

13. $\frac{3\pi}{10}$.

14. $160\pi^2$.

附录3　常用积分公式

(一) 含有 $ax+b$ 的积分($a\neq 0$)

1. $\int \frac{dx}{ax+b} = \frac{1}{a}\ln|ax+b| + C$

2. $\int (ax+b)^{\mu}dx = \frac{1}{a(\mu+1)}(ax+b)^{\mu+1} + C(\mu \neq -1)$

3. $\int \frac{x}{ax+b}dx = \frac{1}{a^2}(ax+b-b\ln|ax+b|) + C$

4. $\int \frac{x^2}{ax+b}dx = \frac{1}{a^3}\left[\frac{1}{2}(ax+b)^2 - 2b(ax+b) + b^2\ln|ax+b|\right] + C$

5. $\int \frac{dx}{x(ax+b)} = -\frac{1}{b}\ln\left|\frac{ax+b}{x}\right| + C$

6. $\int \frac{dx}{x^2(ax+b)} = -\frac{1}{bx} + \frac{a}{b^2}\ln\left|\frac{ax+b}{x}\right| + C$

7. $\int \frac{x}{(ax+b)^2}dx = \frac{1}{a^2}\left(\ln|ax+b| + \frac{b}{ax+b}\right) + C$

8. $\int \frac{x^2}{(ax+b)^2}dx = \frac{1}{a^3}\left(ax+b-2b\ln|ax+b| - \frac{b^2}{ax+b}\right) + C$

9. $\int \frac{dx}{x(ax+b)^2} = \frac{1}{b(ax+b)} - \frac{1}{b^2}\ln\left|\frac{ax+b}{x}\right| + C$

(二) 含有 $\sqrt{ax+b}$ 的积分

10. $\int \sqrt{ax+b}\,dx = \frac{2}{3a}\sqrt{(ax+b)^3} + C$

11. $\int x\sqrt{ax+b}\,dx = \frac{2}{15a^2}(3ax-2b)\sqrt{(ax+b)^3} + C$

12. $\int x^2\sqrt{ax+b}\,dx = \frac{2}{105a^3}(15a^2x^2 - 12abx + 8b^2)\sqrt{(ax+b)^3} + C$

13. $\int \frac{x}{\sqrt{ax+b}}dx = \frac{2}{3a^2}(ax-2b)\sqrt{ax+b} + C$

14. $\int \frac{x^2}{\sqrt{ax+b}}dx = \frac{2}{15a^3}(3a^2x^2 - 4abx + 8b^2)\sqrt{ax+b} + C$

15. $$\int \frac{dx}{x\sqrt{ax+b}} = \begin{cases} \frac{1}{\sqrt{b}}\ln\left|\frac{\sqrt{ax+b}-\sqrt{b}}{\sqrt{ax+b}+\sqrt{b}}\right| + C(b>0) \\ \frac{2}{\sqrt{-b}}\arctan\sqrt{\frac{ax+b}{-b}} + C(b<0) \end{cases}$$

16. $\int \frac{dx}{x^2\sqrt{ax+b}} = -\frac{\sqrt{ax+b}}{bx} - \frac{a}{2b}\int \frac{dx}{x\sqrt{ax+b}}$

17. $\int \frac{\sqrt{ax+b}}{x}dx = 2\sqrt{ax+b} + b\int \frac{dx}{x\sqrt{ax+b}}$

18. $\int \frac{\sqrt{ax+b}}{x^2}dx = -\frac{\sqrt{ax+b}}{x} + \frac{a}{2}\int \frac{dx}{x\sqrt{ax+b}}$

(三) 含有 $x^2 \pm a^2$ 的积分

19. $\int \frac{dx}{x^2+a^2} = \frac{1}{a}\arctan\frac{x}{a} + C$

20. $\int \frac{dx}{(x^2+a^2)^n} = \frac{x}{2(n-1)a^2(x^2+a^2)^{n-1}} + \frac{2n-3}{2(n-1)a^2}\int \frac{dx}{(x^2+a^2)^{n-1}}$

21. $\int \frac{dx}{x^2-a^2} = \frac{1}{2a}\ln\left|\frac{x-a}{x+a}\right| + C$

(四) 含有 $ax^2+b(a>0)$ 的积分

22. $\int \frac{dx}{ax^2+b} = \begin{cases} \frac{1}{\sqrt{ab}}\arctan\sqrt{\frac{a}{b}}x + C & (b>0) \\ \frac{1}{2\sqrt{-ab}}\ln\left|\frac{\sqrt{a}x-\sqrt{-b}}{\sqrt{a}x+\sqrt{-b}}\right| + C & (b<0) \end{cases}$

23. $\int \frac{x}{ax^2+b}dx = \frac{1}{2a}\ln|ax^2+b| + C$

24. $\int \frac{x^2}{ax^2+b}dx = \frac{x}{a} - \frac{b}{a}\int \frac{dx}{ax^2+b}$

25. $\int \frac{dx}{x(ax^2+b)} = \frac{1}{2b}\ln\frac{x^2}{|ax^2+b|} + C$

26. $\int \frac{dx}{x^2(ax^2+b)} = -\frac{1}{bx} - \frac{a}{b}\int \frac{dx}{ax^2+b}$

27. $\int \frac{dx}{x^3(ax^2+b)} = \frac{a}{2b^2}\ln\frac{|ax^2+b|}{x^2} - \frac{1}{2bx^2} + C$

28. $\int \frac{dx}{(ax^2+b)^2} = \frac{x}{2b(ax^2+b)} + \frac{1}{2b}\int \frac{dx}{ax^2+b}$

(五) 含有 $ax^2+bx+c(a>0)$ 的积分

29. $\int \frac{dx}{ax^2+bx+c} = \begin{cases} \frac{2}{\sqrt{4ac-b^2}}\arctan\frac{2ax+b}{\sqrt{4ac-b^2}} + C & (b^2<4ac) \\ \frac{1}{\sqrt{b^2-4ac}}\ln\left|\frac{2ax+b-\sqrt{b^2-4ac}}{2ax+b+\sqrt{b^2-4ac}}\right| + C & (b^2>4ac) \end{cases}$

30. $\int \frac{x}{ax^2+bx+c}dx = \frac{1}{2a}\ln|ax^2+bx+c| - \frac{b}{2a}\int \frac{dx}{ax^2+bx+c}$

(六) 含有 $\sqrt{x^2+a^2}\ (a>0)$ 的积分

31. $\int \frac{dx}{\sqrt{x^2+a^2}} = \operatorname{arsh}\frac{x}{a} + C_1 = \ln(x+\sqrt{x^2+a^2}) + C$

32. $\int \frac{dx}{\sqrt{(x^2+a^2)^3}} = \frac{x}{a^2\sqrt{x^2+a^2}} + C$

33. $\int \frac{x}{\sqrt{x^2+a^2}}dx = \sqrt{x^2+a^2} + C$

34. $\int \frac{x}{\sqrt{(x^2+a^2)^3}}dx = -\frac{1}{\sqrt{x^2+a^2}} + C$

35. $\int \frac{x^2}{\sqrt{x^2+a^2}}dx = \frac{x}{2}\sqrt{x^2+a^2} - \frac{a^2}{2}\ln(x+\sqrt{x^2+a^2}) + C$

36. $\int \frac{x^2}{\sqrt{(x^2+a^2)^3}}dx = -\frac{x}{\sqrt{x^2+a^2}} + \ln(x+\sqrt{x^2+a^2}) + C$

37. $\int \frac{dx}{x\sqrt{x^2+a^2}} = \frac{1}{a}\ln\frac{\sqrt{x^2+a^2}-a}{|x|} + C$

38. $\int \frac{dx}{x^2\sqrt{x^2+a^2}} = -\frac{\sqrt{x^2+a^2}}{a^2x} + C$

39. $\int \sqrt{x^2+a^2}\,dx = \frac{x}{2}\sqrt{x^2+a^2} + \frac{a^2}{2}\ln(x+\sqrt{x^2+a^2}) + C$

40. $\int \sqrt{(x^2+a^2)^3}\,dx = \frac{x}{8}(2x^2+5a^2)\sqrt{x^2+a^2} + \frac{3}{8}a^4\ln(x+\sqrt{x^2+a^2}) + C$

41. $\int x\sqrt{x^2+a^2}\,dx = \frac{1}{3}\sqrt{(x^2+a^2)^3} + C$

42. $\int x^2\sqrt{x^2+a^2}\,dx = \frac{x}{8}(2x^2+a^2)\sqrt{x^2+a^2} - \frac{a^4}{8}\ln(x+\sqrt{x^2+a^2}) + C$

43. $\int \frac{\sqrt{x^2+a^2}}{x}dx = \sqrt{x^2+a^2} + a\ln\frac{\sqrt{x^2+a^2}-a}{|x|} + C$

44. $\int \frac{\sqrt{x^2+a^2}}{x^2}dx = -\frac{\sqrt{x^2+a^2}}{x} + \ln(x+\sqrt{x^2+a^2}) + C$

(七) 含有 $\sqrt{x^2-a^2}$ ($a>0$) 的积分

45. $\int \frac{dx}{\sqrt{x^2-a^2}} = \frac{x}{|x|}\operatorname{arch}\frac{|x|}{a} + C_1 = \ln\left|x+\sqrt{x^2-a^2}\right| + C$

46. $\int \frac{dx}{\sqrt{(x^2-a^2)^3}} = -\frac{x}{a^2\sqrt{x^2-a^2}} + C$

47. $\int \frac{x}{\sqrt{x^2-a^2}}dx = \sqrt{x^2-a^2} + C$

48. $\int \frac{x}{\sqrt{(x^2-a^2)^3}}dx = -\frac{1}{\sqrt{x^2-a^2}} + C$

49. $\int \frac{x^2}{\sqrt{x^2-a^2}}dx = \frac{x}{2}\sqrt{x^2-a^2} + \frac{a^2}{2}\ln\left|x+\sqrt{x^2-a^2}\right| + C$

50. $\int \frac{x^2}{\sqrt{(x^2-a^2)^3}}dx = -\frac{x}{\sqrt{x^2-a^2}} + \ln\left|x+\sqrt{x^2-a^2}\right| + C$

51. $\int \frac{dx}{x\sqrt{x^2-a^2}} = \frac{1}{a}\arccos\frac{a}{|x|} + C$

52. $\int \frac{dx}{x^2\sqrt{x^2-a^2}} = \frac{\sqrt{x^2-a^2}}{a^2 x} + C$

53. $\int \sqrt{x^2-a^2}\,dx = \frac{x}{2}\sqrt{x^2-a^2} - \frac{a^2}{2}\ln\left|x+\sqrt{x^2-a^2}\right| + C$

54. $\int \sqrt{(x^2-a^2)^3}\,dx = \frac{x}{8}(2x^2-5a^2)\sqrt{x^2-a^2} + \frac{3}{8}a^4\ln\left|x+\sqrt{x^2-a^2}\right| + C$

55. $\int x\sqrt{x^2-a^2}\,dx = \frac{1}{3}\sqrt{(x^2-a^2)^3} + C$

56. $\int x^2\sqrt{x^2-a^2}\,dx = \frac{x}{8}(2x^2-a^2)\sqrt{x^2-a^2} - \frac{a^4}{8}\ln\left|x+\sqrt{x^2-a^2}\right| + C$

57. $\int \frac{\sqrt{x^2-a^2}}{x}dx = \sqrt{x^2-a^2} - a\arccos\frac{a}{|x|} + C$

58. $\int \frac{\sqrt{x^2-a^2}}{x^2}dx = -\frac{\sqrt{x^2-a^2}}{x} + \ln\left|x+\sqrt{x^2-a^2}\right| + C$

（八）含有 $\sqrt{a^2-x^2}$ $(a>0)$ 的积分

59. $\int \frac{dx}{\sqrt{a^2-x^2}} = \arcsin\frac{x}{a} + C$

60. $\int \frac{dx}{\sqrt{(a^2-x^2)^3}} = \frac{x}{a^2\sqrt{a^2-x^2}} + C$

61. $\int \frac{x}{\sqrt{a^2-x^2}}dx = -\sqrt{a^2-x^2} + C$

62. $\int \frac{x}{\sqrt{(a^2-x^2)^3}}dx = \frac{1}{\sqrt{a^2-x^2}} + C$

63. $\int \frac{x^2}{\sqrt{a^2-x^2}}dx = -\frac{x}{2}\sqrt{a^2-x^2} + \frac{a^2}{2}\arcsin\frac{x}{a} + C$

64. $\int \frac{x^2}{\sqrt{(a^2-x^2)^3}}dx = \frac{x}{\sqrt{a^2-x^2}} - \arcsin\frac{x}{a} + C$

65. $\int \frac{dx}{x\sqrt{a^2-x^2}} = \frac{1}{a}\ln\frac{a-\sqrt{a^2-x^2}}{|x|} + C$

66. $\int \frac{dx}{x^2\sqrt{a^2-x^2}} = -\frac{\sqrt{a^2-x^2}}{a^2 x} + C$

67. $\int \sqrt{a^2-x^2}\,dx = \frac{x}{2}\sqrt{a^2-x^2} + \frac{a^2}{2}\arcsin\frac{x}{a} + C$

68. $\int \sqrt{(a^2-x^2)^3}\,dx = \frac{x}{8}(5a^2-2x^2)\sqrt{a^2-x^2} + \frac{3}{8}a^4\arcsin\frac{x}{a} + C$

69. $\int x\sqrt{a^2-x^2}\,dx = -\frac{1}{3}\sqrt{(a^2-x^2)^3} + C$

70. $\int x^2\sqrt{a^2-x^2}\,dx = \frac{x}{8}(2x^2-a^2)\sqrt{a^2-x^2} + \frac{a^4}{8}\arcsin\frac{x}{a} + C$

71. $\int \frac{\sqrt{a^2-x^2}}{x}dx = \sqrt{a^2-x^2} + a\ln\frac{a-\sqrt{a^2-x^2}}{|x|} + C$

72. $\int \frac{\sqrt{a^2-x^2}}{x^2}dx = -\frac{\sqrt{a^2-x^2}}{x} - \arcsin\frac{x}{a} + C$

(九) 含有 $\sqrt{\pm ax^2+bx+c}$ $(a>0)$ 的积分

73. $\int \frac{dx}{\sqrt{ax^2+bx+c}} = \frac{1}{\sqrt{a}}\ln\left|2ax+b+2\sqrt{a}\ \sqrt{ax^2+bx+c}\right| + C$

74. $\int \sqrt{ax^2+bx+c}\,dx = \frac{2ax+b}{4a}\sqrt{ax^2+bx+c}$

$$+\frac{4ac-b^2}{8\sqrt{a^3}}\ln\left|2ax+b+2\sqrt{a}\ \sqrt{ax^2+bx+c}\right| + C$$

75. $\int \frac{x}{\sqrt{ax^2+bx+c}}dx = \frac{1}{a}\sqrt{ax^2+bx+c}$

$$-\frac{b}{2\sqrt{a^3}}\ln\left|2ax+b+2\sqrt{a}\ \sqrt{ax^2+bx+c}\right| + C$$

76. $\int \frac{dx}{\sqrt{c+bx-ax^2}} = -\frac{1}{\sqrt{a}}\arcsin\frac{2ax-b}{\sqrt{b^2+4ac}} + C$

77. $\int \sqrt{c+bx-ax^2}\,dx = \frac{2ax-b}{4a}\sqrt{c+bx-ax^2} + \frac{b^2+4ac}{8\sqrt{a^3}}\arcsin\frac{2ax-b}{\sqrt{b^2+4ac}} + C$

78. $\int \frac{x}{\sqrt{c+bx-ax^2}}dx = -\frac{1}{a}\sqrt{c+bx-ax^2} + \frac{b}{2\sqrt{a^3}}\arcsin\frac{2ax-b}{\sqrt{b^2+4ac}} + C$

(十) 含有 $\sqrt{\pm\frac{x-a}{x-b}}$ 或 $\sqrt{(x-a)(b-x)}$ 的积分

79. $\int \sqrt{\frac{x-a}{x-b}}dx = (x-b)\sqrt{\frac{x-a}{x-b}} + (b-a)\ln\left(\sqrt{|x-a|}+\sqrt{|x-b|}\right) + C$

80. $\int \sqrt{\frac{x-a}{b-x}}dx = (x-b)\sqrt{\frac{x-a}{b-x}} + (b-a)\arcsin\sqrt{\frac{x-a}{b-x}} + C$

81. $\int \frac{dx}{\sqrt{(x-a)(b-x)}} = 2\arcsin\sqrt{\frac{x-a}{b-x}} + C\,(a<b)$

82. $\int \sqrt{(x-a)(b-x)}\,dx = \frac{2x-a-b}{4}\sqrt{(x-a)(b-x)} + \frac{(b-a)^2}{4}\arcsin\sqrt{\frac{x-a}{b-x}} + C$

$(a<b)$

(十一) 含有三角函数的积分

83. $\int \sin x\,dx = -\cos x + C$

84. $\int \cos x\,dx = \sin x + C$

85. $\int \tan x\,dx = -\ln|\cos x| + C$

86. $\int \cot x\,dx = \ln|\sin x| + C$

87. $\int \sec x\,dx = \ln\left|\tan\left(\frac{\pi}{4}+\frac{x}{2}\right)\right| + C = \ln|\sec x+\tan x| + C$

88. $\int \csc x\mathrm{d}x = \ln\left|\tan\frac{x}{2}\right| + C = \ln|\csc x - \cot x| + C$

89. $\int \sec^2 x\mathrm{d}x = \tan x + C$

90. $\int \csc^2 x\mathrm{d}x = -\cot x + C$

91. $\int \sec x\tan x\mathrm{d}x = \sec x + C$

92. $\int \csc x\cot x\mathrm{d}x = -\csc x + C$

93. $\int \sin^2 x\mathrm{d}x = \frac{x}{2} - \frac{1}{4}\sin 2x + C$

94. $\int \cos^2 x\mathrm{d}x = \frac{x}{2} + \frac{1}{4}\sin 2x + C$

95. $\int \sin^n x\,\mathrm{d}x = -\frac{1}{n}\sin^{n-1}x\cos x + \frac{n-1}{n}\int \sin^{n-2}x\mathrm{d}x$

96. $\int \cos^n x\,\mathrm{d}x = \frac{1}{n}\cos^{n-1}x\sin x + \frac{n-1}{n}\int \cos^{n-2}x\mathrm{d}x$

97. $\int \frac{\mathrm{d}x}{\sin^n x} = -\frac{1}{n-1}\cdot\frac{\cos x}{\sin^{n-1}x} + \frac{n-2}{n-1}\int\frac{\mathrm{d}x}{\sin^{n-2}x}$

98. $\int \frac{\mathrm{d}x}{\cos^n x} = \frac{1}{n-1}\cdot\frac{\sin x}{\cos^{n-1}x} + \frac{n-2}{n-1}\int\frac{\mathrm{d}x}{\cos^{n-2}x}$

99. $\int \cos^m x\ \sin^n x\,\mathrm{d}x = \frac{1}{m+n}\cos^{m-1}x\ \sin^{n+1}x + \frac{m-1}{m+n}\int \cos^{m-2}x\ \sin^n x\,\mathrm{d}x$

$= -\frac{1}{m+n}\cos^{m+1}x\ \sin^{n-1}x + \frac{n-1}{m+n}\int \cos^m x\ \sin^{n-2}x\,\mathrm{d}x$

100. $\int \sin ax\cos bx\,\mathrm{d}x = -\frac{1}{2(a+b)}\cos(a+b)x - \frac{1}{2(a-b)}\cos(a-b)x + C$

101. $\int \sin ax\sin bx\,\mathrm{d}x = -\frac{1}{2(a+b)}\sin(a+b)x + \frac{1}{2(a-b)}\sin(a-b)x + C$

102. $\int \cos ax\cos bx\,\mathrm{d}x = \frac{1}{2(a+b)}\sin(a+b)x + \frac{1}{2(a-b)}\sin(a-b)x + C$

103. $\int \frac{\mathrm{d}x}{a+b\sin x} = \frac{2}{\sqrt{a^2-b^2}}\arctan\frac{a\tan\frac{x}{2}+b}{\sqrt{a^2-b^2}} + C(a^2>b^2)$

104. $\int \frac{\mathrm{d}x}{a+b\sin x} = \frac{1}{\sqrt{b^2-a^2}}\ln\left|\frac{a\tan\frac{x}{2}+b-\sqrt{b^2-a^2}}{a\tan\frac{x}{2}+b+\sqrt{b^2-a^2}}\right| + C(a^2<b^2)$

105. $\int \frac{\mathrm{d}x}{a+b\cos x} = \frac{2}{a+b}\sqrt{\frac{a+b}{a-b}}\arctan\left(\sqrt{\frac{a-b}{a+b}}\tan\frac{x}{2}\right) + C(a^2>b^2)$

106. $\int \frac{\mathrm{d}x}{a+b\cos x} = \frac{1}{a+b}\sqrt{\frac{a+b}{b-a}}\ln\left|\frac{\tan\frac{x}{2}+\sqrt{\frac{a+b}{b-a}}}{\tan\frac{x}{2}-\sqrt{\frac{a+b}{b-a}}}\right| + C(a^2<b^2)$

107. $\int \frac{dx}{a^2\cos^2 x + b^2\sin^2 x} = \frac{1}{ab}\arctan\left(\frac{b}{a}\tan x\right) + C$

108. $\int \frac{dx}{a^2\cos^2 x - b^2\sin^2 x} = \frac{1}{2ab}\ln\left|\frac{b\tan x + a}{b\tan x - a}\right| + C$

109. $\int x\sin ax\,dx = \frac{1}{a^2}\sin ax - \frac{1}{a}x\cos ax + C$

110. $\int x^2\sin ax\,dx = -\frac{1}{a}x^2\cos ax + \frac{2}{a^2}x\sin ax + \frac{2}{a^3}\cos ax + C$

111. $\int x\cos ax\,dx = \frac{1}{a^2}\cos ax + \frac{1}{a}x\sin ax + C$

112. $\int x^2\cos ax\,dx = \frac{1}{a}x^2\sin ax + \frac{2}{a^2}x\cos ax - \frac{2}{a^3}\sin ax + C$

(十二) 含有反三角函数的积分(其中 $a > 0$)

113. $\int \arcsin\frac{x}{a}dx = x\arcsin\frac{x}{a} + \sqrt{a^2 - x^2} + C$

114. $\int x\arcsin\frac{x}{a}dx = \left(\frac{x^2}{2} - \frac{a^2}{4}\right)\arcsin\frac{x}{a} + \frac{x}{4}\sqrt{a^2 - x^2} + C$

115. $\int x^2\arcsin\frac{x}{a}dx = \frac{x^3}{3}\arcsin\frac{x}{a} + \frac{1}{9}(x^2 + 2a^2)\sqrt{a^2 - x^2} + C$

116. $\int \arccos\frac{x}{a}dx = x\arccos\frac{x}{a} - \sqrt{a^2 - x^2} + C$

117. $\int x\arccos\frac{x}{a}dx = \left(\frac{x^2}{2} - \frac{a^2}{4}\right)\arccos\frac{x}{a} - \frac{x}{4}\sqrt{a^2 - x^2} + C$

118. $\int x^2\arccos\frac{x}{a}dx = \frac{x^3}{3}\arccos\frac{x}{a} - \frac{1}{9}(x^2 + 2a^2)\sqrt{a^2 - x^2} + C$

119. $\int \arctan\frac{x}{a}dx = x\arctan\frac{x}{a} - \frac{a}{2}\ln(a^2 + x^2) + C$

120. $\int x\arctan\frac{x}{a}dx = \frac{1}{2}(a^2 + x^2)\arctan\frac{x}{a} - \frac{a}{2}x + C$

121. $\int x^2\arctan\frac{x}{a}dx = \frac{x^3}{3}\arctan\frac{x}{a} - \frac{a}{6}x^2 + \frac{a^3}{6}\ln(a^2 + x^2) + C$

(十三) 含有指数函数的积分

122. $\int a^x dx = \frac{1}{\ln a}a^x + C$

123. $\int e^{ax}dx = \frac{1}{a}e^{ax} + C$

124. $\int xe^{ax}dx = \frac{1}{a^2}(ax - 1)e^{ax} + C$

125. $\int x^n e^{ax}dx = \frac{1}{a}x^n e^{ax} - \frac{n}{a}\int x^{n-1}e^{ax}dx$

126. $\int xa^x dx = \frac{x}{\ln a}a^x - \frac{1}{(\ln a)^2}a^x + C$

127. $\int x^n a^x dx = \frac{1}{\ln a}x^n a^x - \frac{n}{\ln a}\int x^{n-1}a^x dx$

128. $\int e^{ax}\sin bx\,dx = \frac{1}{a^2+b^2}e^{ax}(a\sin bx - b\cos bx) + C$

129. $\int e^{ax}\cos bx\,dx = \frac{1}{a^2+b^2}e^{ax}(b\sin bx + a\cos bx) + C$

130. $\int e^{ax}\sin^n bx\,dx = \frac{1}{a^2+b^2n^2}e^{ax}\sin^{n-1}bx(a\sin bx - nb\cos bx) + \frac{n(n-1)b^2}{a^2+b^2n^2}\int e^{ax}\sin^{n-2}bx\,dx$

131. $\int e^{ax}\cos^n bx\,dx = \frac{1}{a^2+b^2n^2}e^{ax}\cos^{n-1}bx(a\cos bx + nb\sin bx) + \frac{n(n-1)b^2}{a^2+b^2n^2}\int e^{ax}\cos^{n-2}bx\,dx$

(十四)含有对数函数的积分

132. $\int \ln x\,dx = x\ln x - x + C$

133. $\int \frac{dx}{x\ln x} = \ln|\ln x| + C$

134. $\int x^n \ln x\,dx = \frac{1}{n+1}x^{n+1}\left(\ln x - \frac{1}{n+1}\right) + C$

135. $\int (\ln x)^n dx = x(\ln x)^n - n\int (\ln x)^{n-1}dx$

136. $\int x^m(\ln x)^n dx = \frac{1}{m+1}x^{m+1}(\ln x)^n - \frac{n}{m+1}\int x^m(\ln x)^{n-1}dx$